KOKUYO

的

極簡工作術

做事變輕鬆，才叫做整理

仕事がサクサクはかどる コクヨのシンプル整理術

KOKUYO股份有限公司（コクヨ株式会社） 著　　**金鐘範** 譯

作者序
找到讓工作順手的整理術，才能持續執行

大家好，我們是 KOKUYO 公司（編注：後稱 KOKUYO）。

KOKUYO 是以文具與辦公家具起家，設計與販售各式各樣不同的商品。許多人可能是透過「Campus 筆記本」等文具用品認識 KOKUYO，但其實我們長年致力於辦公室設計及企業工作風格顧問的領域。

本公司於 20 年前左右，將無固定座位制（free address，指的是員工沒有特定的固定座位的制度）引進辦公室。根據職務不同，也有些員工需要固定的座位，所以並非全公司皆採用無固定座位制。但是，也有許多員工進公司後就沒有固定座位，或是從來沒有坐過有抽屜的辦公桌。

無固定座位制與固定座位相較之下，必須花費許多工夫減少物品數量。導入此制度時，我們在「整理」「收拾」上費盡心思，將文件的總量減少至一半，文具等備用品也整理過，並且改為員工共用等。因此，我們察覺到：物品減量並經過整理後，工作會變得更順利，而且也能提高生

產力。

　就結果來說，透過「整理」將工作時間從十個小時減少至八、九個小時的例子不少。如果再計入員工人數，更能帶來驚人的效率和生產力。省下來的資源（人力），便可以投入其他工作並創造全新的價值。

　當外界得知我們正在挑戰新的工作方式之後，隨之而來的提問也增加了：

　KOKUYO的員工是不是有一套聰明的整理術……？

　因此，這次我們將藉此機會介紹 KOKUYO 員工的整理術。

　購買本書的讀者當中，可能有人正在思考如何訂定職場中或全公司通用的整理規則。本書將介紹 KOKUYO 員工實際運用的 100 招整理祕訣。希望各位閱讀本書時，能夠互相討論「這個方法好像蠻適合我們公司」「這個看起來很不錯」等。

　此外，我們還希望能傳達給大家：

　整理是一件很有趣的事！

　製作本書時，我們感受到運用整理術的這些員工，打

從心底認為「整理很有趣」也「非常有成就感」。

　　整理時，如果把規則訂得過於嚴苛或是繁瑣又麻煩，自然無法長期持續下去，抱持厭惡的心情做事也無法持之以恆。所以，希望每個人都能找到讓自己感到有趣的事物。本書若能成為大家的靈感來源，解決整理上的難題，便是我們無上的榮幸。

2017 年 10 月

1 精簡收納 30 招

2 可搜尋的整理術 30 招

3 激發動力的 20 招

4　提升工作自由度的 20 招

提高
工作生產力的
整理術

——追求效率的時代中，
創造成果的聰明技巧

技巧 1 | 整理的方法不只一種，適合自己最重要

▶ 整理的目的不在於「整齊」

　　提到「整理」，總會讓人想到收拾得整齊又乾淨的桌子或書架。但是，這應該稱為「打掃」。

　　工作上的整理是指打造提高效率的環境，以工作是否順手為優先考量。但是，每個人對「工作順手」的想法皆不盡相同。舉例來說，有些人傾向把當天工作上會用到的東西都先拿出來擺在桌上，有些人則認為全部拿出來很占位子，要用的時候再拿出來比較好。擺放物品的方法也因人而異，有人想要擺得很工整，也有人認為雖然擺成斜斜的看起來不太美觀，但比較好拿。

　　同理可證，整理不需要拘泥於「整齊」，而且美觀和用起來順手並不一定會劃上等號。

▶ 覺得工作很快樂、變輕鬆，就是做對了！

　　KOKUYO 有位員工曾說過：「我從小就不擅長『收

拾』，出了社會也為此傷透腦筋。但是自從某天嘗試整理後，感覺到『啊，怎麼工作起來變輕鬆了！』，就漸漸覺得思考整理的方法很有趣。」

在工作上進行整理時，必須重新審視工作流程，藉此思考工作方式是否需要改進，在哪一件事情上花費的時間比較多，又該如何改善等。簡而言之，整理能夠找出自己在工作上的瓶頸（生產力與效率下降的原因），是解決問題的契機。

你在工作上是否也曾經感到「怎麼感覺做起來不太順手」「這工作真讓人提不起勁啊……」？或許，整理能成為解決這些問題的突破口。

技巧 **2** | ## 活用高自由度、追求高效率的「流動式整理術」

▶ 處理增加中的流動資訊

　　近年來，商業界愈來愈追求高效率。儘管面對不斷湧入的資訊 (流動資訊)，也必須縮短從選擇取捨到決策再到輸出為止的執行時間。關鍵在於使用流動資訊的方法，具體來說，最重要的當機立斷丟棄停滯的流動資訊。

　　若是堆積不斷增加的流動資訊類文件，不僅難以搜尋，也會對工作生產力造成影響。KOKUYO 許多員工，都會訂定並實際運用一套屬於自己的「丟棄規則」。

　　流動資訊類的文件和非流動資訊類的文件必須分別保存。和以往相比，流動資訊類的文件確實有增加，但合約和會計憑證等必須保留的非流動資訊則是和以前一樣，打洞後放進資料夾，依照時間順序保存。

▶ 化繁為簡的整理術

　　以往，我們大多習慣保留大量文件，所以提到整理文

件時，一般都是使用索引標籤或檔案夾歸檔。現在，整理的目的在於提高效率與生產力，因此前述方法不再適用，而是改為根據工作內容和喜好進行整理。而且，光是收納並不夠。舉例來說：

　　・近期就要丟棄的文件不打洞。
　　・為了在任何地方都能瀏覽文件，而將文件電子化。

　　就像這樣，保存資料時先考量過是否方便丟棄，或是將文件電子化以利行動裝置瀏覽等，能夠靈活運用又方便丟棄的整理術，才是適用於現代的整理方式。

　　本書將依序向讀者介紹，KOKUYO 員工為了提高生產力而執行的四個面向的整理術：精簡收納、注重可以搜尋的功能性、提升工作動力和提高工作自由度。

Chapter

精簡收納
30招

打造方便工作的環境，
發揮最大潛能！

001 有技巧地「堆疊」物品

▶ 向上增加收納空間

使用能夠堆疊、「有天花板」的物品,即可活用桌面上的縱向空間。例如,能夠堆疊的公文架或有抽屜的收納櫃等。這種類型的收納工具,能夠將物品往上堆疊,創造更多收納空間。此外,把物品收納在視線可及的範圍內,便能夠輕鬆找到需要的物品,也是這種方法的優點之一。

主管或同事經常問我:「你有那份資料嗎?」或是「那個借我一下」,這種時候我都能咻咻咻地迅速將東西遞給他們,也因此被稱讚過「工作管理做得很仔細」。或許,整理的能力也會影響個人評價呢。

POINT

有效活用狹窄空
間上方的空位。

不把收納空間塞滿，所以即使堆高也不會有壓迫感。
可以把電話放在最上方。

002 | 選擇小型的滑鼠和鍵盤

▶ 桌上物品小巧、好收納，桌面空間才夠大

　　鍵盤、滑鼠和數字鍵盤（輸入數字的裝置）每天都會使用到，所以我會盡量選擇小型的產品。此外，我的鍵盤上沒有數字鍵盤，而是選擇數字鍵盤獨立設計的款式。（只使用其中一樣時，另一樣可以收起來。）

　　因為工作性質的關係，我必須經常在桌面攤開設計圖工作，辦公桌面如果夠寬敞，效率也能提升。而且，我需要使用電腦製作文件的行政工作也比較多，所以會將鍵盤、滑鼠和數字鍵盤這三種輸入裝置放在桌面正中間，讓它們大顯身手。

　　挑選裝置時，重點在於盡量選擇尺寸或設計相似的款式，能讓桌面看起來清爽、有一致性也更美觀。

攤開設計圖或是試做樣品時，把裝置收到螢幕下方。

POINT

選擇小型的輸入裝置！

使用電腦製作文件時，把輸入裝置擺在桌面中央。

選擇款式相似的產品，放在一起時外觀比較一致。

003 只使用一個檔案盒

▶ 意志堅定，減少文件數量

我下定決心，只使用一個檔案盒收納進行中的專案文件，並且絕不打破規則。為了避免資料增加，我會每隔一、兩週檢查所有資料，丟棄不需要的文件。

我將文件依照專案分類，放在半透明的彩色資料夾內，開會時只要拿出該專案的資料夾就好。而且，我最多只會保留大約 20 個資料夾，只要看資料夾顏色，大概就能知道裡面裝的是哪一件專案的資料。

整理文件時，如果有必須留下來的資料，可以將它們掃描後電子化，在檔案名稱前加上日期，例如命名為「170603 ○○公司提案資料」。如此一來，只要翻閱過去的月曆行程表，就能輕鬆找到需要的文件。

POINT

手邊的文件只能放在這個空間內！

我在節省紙張上也下足了工夫，例如透過電子郵件的附檔功能，存取未來可能會使用到的文件，或是公司內的共用文件，絕不備份在自己的電腦裡。

004 | 整理前，將所有東西排列在地板上檢視

▶ 善用定時炸彈整理術，決定物品的去留

整理要丟棄的物品時，使用定時炸彈整理術。

把工作資料分成三類：①最近會用到、②某天可能會用到、③不會再用到。第②類資料可以裝箱保存，哪天不再需要時，也不必再次確認內容物，可以直接丟棄。

分類資料時，首先得將個人置物櫃和辦公桌抽屜裡的東西全部拿出來，排列在地板上或是會議室的桌子上。接著，俯瞰檢視這些文件與物品，挑選出需要的東西①，丟棄不需要的東西③，不確定是否該丟棄的東西則裝箱保存②。

這種整理術的關鍵在於「把東西全部拿出來」。因為一旦把東西拿出來，我們會覺得再收回去原位很麻煩，自然就能輕鬆下定決心丟棄不需要的東西。

POINT

排列所有東西，
俯瞰→判斷→丟
棄。

這是我整理家中抽屜時的狀況。拿出抽屜裡所有東西排
列在地上，發現有不會再用到的電腦包與不需要的筆記
本，所以直接丟了。

005 | 體積大的東西，更要選用尺寸小的

▶ 我選用方便順手的工具，省時也省力

我們經常舉辦展覽和研討會，所以必須將相關資料和商品送到會場，或是從會場送回公司。此時，小卷的封箱膠帶就能派上用場。它的管芯直徑小，大約只有普通膠帶的三分一左右，非常輕便，可以塞進手提包或口袋內。知道這項工具的人好像不多，但其實很多品牌都有推出類似商品。

以前，為了盡量縮小膠帶的體積並減輕重量，我們會拆掉管芯、拆毀只剩下一小卷的膠帶，或是把膠帶纏在手上帶走等，既花時間又麻煩。但是，既然有功能相同、尺寸較小的商品，使用上自然更有效率。此外，這類尺寸縮小的商品不只體積小又不占空間，所以即使在辦公室內，也能直接放在辦公桌上隨手可及的地方。

POINT

功能相同的商品，要選擇尺寸小的！

把一般和小卷的封箱膠帶放在一起，更能明顯看出尺寸的差異。

006 使用收納量少的資料夾

▶ 注意收納的文件數量，養成整理的好習慣

我開始使用三邊封口的資料夾後，文件的數量瞬間減少許多。

一般提到用 U 型資料夾做收納，通常都是指將文件夾在兩折的資料夾內，能夠保管大量文件。（但是，太膨的話會很難看）。

不過，本公司的 NEOS 系列 U 型資料因為三邊皆封口，能夠收納的文件數量有限。就像是資料夾大聲主張「到此為止」，所以使用者會開始注意整理和丟棄不需要的文件，也不再胡亂硬塞。此外，這款資料夾是以樹脂製成，非常耐用，不管使用多少次，都不會像紙製的資料夾那樣，邊角變得破爛不堪。

目前，我沒有使用資料夾的標籤功能，而是根據資料夾的顏色判斷裡面裝了哪些文件。這個系列的資料夾顏色很沈穩，我相當喜歡。

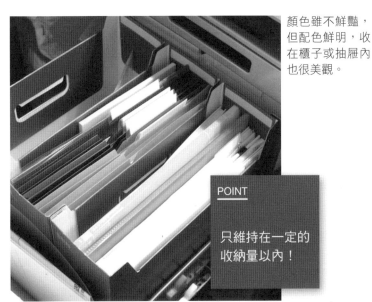

顏色雖不鮮豔，但配色鮮明，收在櫃子或抽屜內也很美觀。

POINT

只維持在一定的收納量以內！

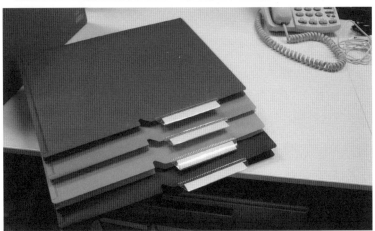

三邊封口設計，把文件帶著走的時候，內容物也不太會從側邊滑落。而且，也很容易拿取收放文件，使用上非常方便。

007 | 常用的書寫工具
要收在托盤裡

▶ **刻意橫著放，不讓東西繼續增加**

　　最近很流行直立式收納的整理術，我也是採用這種方法收納文件等物品。因為文件平放堆疊時，壓在下方的東西會變得很難拿，可能導致工作遭到遺漏，或是找不到資料的問題。

　　然而，我不會把書寫工具直立式收納，而是平放在托盤內，擺在辦公桌邊緣。托盤大約是一張明信片的大小，相較於直立式收納，占用的空間更多。

　　但是，這種托盤收納法，切記絕對不可堆疊擺放，根據托盤寬度擺放可收納的文具量是鐵則。因為，筆類文具直立式收納時，不管要放幾支都沒問題，而我最擔心這種不需要的東西愈變愈多的狀況。

書寫工具一目暸然、方便取用。

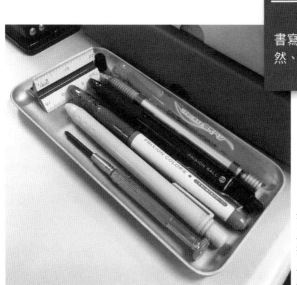

書寫工具放入托盤，橫擺在辦公桌上是基本的收納原則。

文件不平放堆積，改採直立式收納。

008 | 只用具備收納功能的工具

▶ **根據包包的尺寸和形狀選擇要收納的物品**

　　由於公司採用無固定座位制，我選用 KOKUYO 設計文具品牌的 trystrams 系列隨身包，收納電腦和所有隨身物品，隨身攜帶。

　　我手邊也有比 trystrams 隨身包還大，在公司內部移動專用的包包，但我不想帶著太多東西走來走去，所以現在只使用這款隨身包。

　　我手邊的筆記本也不會區分是開會用或是企劃用，而是全部匯整在同一本筆記本內，也只攜帶進行中專案的文件，並且收納於資料夾內。

　　會議時會用到的紙本資料，基本上都會製作成電子檔保存後，將紙張一律丟棄。在會議上記下的內容或想法則是寫在筆記本上，因此，也不再需要鉛筆盒。

POINT

不攜帶超出隨身包收納容量的物品。

包包裡有筆電（13.3
吋）、三種不同類型的
筆（筆記用的原子筆、
畫重點用的筆、畫草圖
用的筆）、三角比例
尺、折疊式滑鼠、線材
與文件等。每樣東西都
有固定的收納位置。

只將進行中專案或
經常用到的文件，
收在A4透明資料
夾裡隨身攜帶。

009 | 抽屜分成四區收納文件

▶ 粗略決定收納範圍，不讓東西繼續增加

我將辦公桌的抽屜分成四個區塊運用。

①上層前方：每天會用到的檢索查詢區（名片、目錄
或編號表等）。

②上層中段：進行中物品區（進行中專案的資料夾）。

③上層後方：舊資料檢索查詢區（近三年左右的筆記
本和資料，可能再次翻閱的東西）。

④下層抽屜：幾乎不會翻閱，但必須保管好的物品區
（研修資料、過去五年左右的資料及筆記本）。

善用這種四個區塊的分類方法收納（或是移動、丟
棄）文件，就能避免文件數量增加。至今為止，我曾經擔
任過總務人員、系統工程師、業務和行銷企劃人員四種不
同工作，但是，無論哪一種工作，都適用這個收納方法。

POINT

粗略決定收納
範圍。

這是上層抽屜的照片，中段的「進行中物品區」收納特別重要的物
品（有時效性的東西），放在顯眼的紅色資料夾內。

010 利用懸掛收納法，
打造完美的置物空間

▶ 活用（磁鐵）掛鉤，把東西收納在半空中

我會在辦公桌下方，或是抽屜側面懸掛線材或雨傘。只要使用磁鐵掛鉤，也能在半空中打造出完美的收納空間。這種收納法是直接把東西放在外面，所以需要的時候能夠馬上拿到手，非常有效率。

基本上，我會根據物品的使用頻率，從最靠近手邊的位置依序擺放。辦公桌下最裡面的地方則是收納防災用安全帽（雖然鮮少使用，但仍然想要放在身邊）。把東西放在地板上，既容易生灰塵也不衛生，改用懸掛收納則不易藏污納垢。

家中的皮帶和領帶等，我也不是放在配件收納盒內，而是同樣採用懸掛收納法。如此一來，每樣配件都能一目瞭然，非常容易拿取。

常用的東西掛在手邊。像是最常用到的
智慧型手機充電線，就收在抽屜前方。

懸掛收納法能讓物品變得
一目瞭然，輕易確認持有
的單品。發現「東西增加
太多」或是「這有點老
舊，差不多該丟了」，也
不會錯過整理的時機。

011 先測量物品的尺寸，再選擇收納家具

▶「實際尺寸」和「數量」很重要

決定好想要收納整理的物品後，我會將物品的長、寬、高都列入考量，再選擇收納家具。要收納的物品和家具的尺寸如果精確吻合，就不會浪費多餘的空間，整理起來也更加輕鬆。

以前，我曾有過一次慘痛的經驗……我在收納 CD 的抽屜內，發現一個尺寸剛好的空間，便不自覺將小物收納盒塞進去，結果整個抽屜變得亂七八糟，要費好一番力氣才能找到想聽的 CD。

所以，舉例來說，不管是在家裡或是辦公室，收納檔案夾時，我會先計算數量，再決定收納櫃的尺寸。只要櫃子裡沒有多餘的空隙，就不會塞進原本不該放的東西，自然能常保外觀整潔。

剛好可以放進八個檔案夾的辦公室收納櫃。

POINT

選用尺寸適當的收納家具，就不會亂七八糟。

為了一起收納CD外盒，而選擇深度吻合的抽屜。

012 | 包包裡只放A5大小的東西

▶因為「放不進去」，所以包包更加輕盈

自從換成了 A5 大小的包包後，我變得只會攜帶符合 A5 尺寸的東西出門。（精確地說，應該是比 A5 稍微大一些的包包）。

因為東西「放不進去」產生的抑制作用，強制減少我隨身攜帶的物品。但是，自從改用這個包包後，身心靈確實變得比以往輕鬆許多。尤其在炎炎夏日中，搭乘擠得水洩不通的電車時，光是包包體積小，彷彿就能感受到一股涼意。基本上，我也不會用手拿包包，通常是肩背或是斜背。

偶爾，我也會需要攜帶宣傳單或是薄型手冊等 A4 尺寸的紙本資料，這時，我都是把它們對半折之後放進包包。

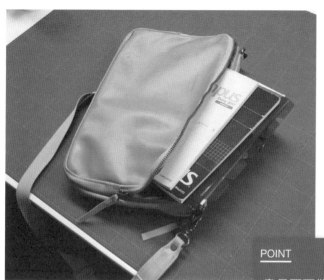

文件和筆記本等東西都統一為小於A5的大小。A4尺寸的紙本資料則是對折收納。

POINT

盡量不要攜帶無法輕易收進包包裡的物品。

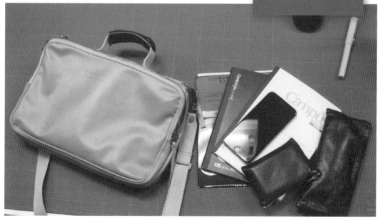

即便放進這麼多東西，還有收納空間，所以把通勤時要讀的書和折疊傘也收進去。

013 | 常用的原子筆，收在筆記本線圈裡

▶ 加寬線圈、改良原子筆，更適合收納

工作上用的筆記本和筆記本，多年來幾乎都是使用相同款式，而且通常這兩項文具都是一起帶著走。

我使用的是線圈筆記本，所以我會用手將線圈的部分掰開，把筆收在線圈裡。雖然線圈很輕易就能加寬，但如果掰得太寬，可能會導致筆記本難以開合，要特別小心。至於原子筆的部分，則需要薄薄地削去筆夾內側做調整。

正因為是隨身必備的文具，所以只要做成一組，就不用擔心會不會忘記帶其中一個。此外，把筆收在筆記本上，也能輕鬆收納在口袋裡等地方。

POINT

筆記本和原子筆合
為一體，節省空間
也攜帶方便。

在常用的線圈筆記本的線圈裡，收著
慣用的原子筆。

一般的線圈筆記本無
法將筆插到底。

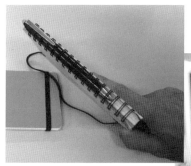

手工調整線圈寬度，
仔細看能發現線圈大
小有些許不同。

稍微削薄原子筆筆夾內側，讓筆
插入和從線圈抽出時更加順暢。

014 | 「藏」在隨手可及的地方

▶ 只需下點工夫，就能減少煩人的動作

　　經常使用的文具或小物，與其收納在辦公桌抽屜裡，不如放在辦公桌上使用起來更方便。但是，各式各樣不同形狀的東西散落在桌上，實在不太美觀……然而，收在抽屜裡還要一個個拿出來，也真的很麻煩。

　　經過各種嘗試後的結果，我精選出幾樣「真正會使用的文具」放在桌上，除此之外的東西，全部收進桌上的收納櫃（抽屜）裡。因為抽屜是放在桌面上，所以只要伸手就能馬上拿出需要的東西。平常也看不見裡面，所以不會有「東西亂七八糟好煩喔」的壓力。而且，只需粗略整理，實在深得我心。

抽屜上方是目錄和
文件的收納空間，
能有效活用桌面上
的寶貴空間。

POINT

輕鬆收納在空間
大、有深度的抽
屜內。

只要關上抽屜，桌
面瞬間變清爽。

015 整理工作用的包包，事先模擬重要場合

▶ 準備不再有缺漏，談判也能順利進行

以前，不管是用得到或是用不到的資料，我全部都會丟進包包裡，所以包包變得非常沈重，導致肩頸僵硬和身體不適。後來，我覺得必須有所改善，所以盡可能選擇輕量的包款，並重新審視隨身攜帶的物品。

為了做到只攜帶真正需要的東西出門，我養成事前模擬商務談判的習慣，因此也不再發生資料準備不足的情況。進行事前模擬時，我會一邊練習，一邊將需要和對方確認的事項寫在萬用手冊上。如此一來，也能縮短在客戶面前做筆記的時間（例如，確認新建大樓的設施時，事先寫下「辦公室、會議室、更衣間、餐廳……」，到時只要記下圈叉符號或是數字就即可）。工作時餘裕愈多，不僅能讓自己有時間思考更多提案，也確實可以創造更多成果。

POINT

準備一個能創
造成果的包包
很重要！

iPad和萬用手冊。我希望盡可能寫下商務
談判時可能談及的內容，所以選擇A5尺寸
的手冊。為了減輕重量，使用活頁手冊，
每兩個月更換內頁。

準備備用
的名片夾
和手帕。

裝進所有東西後包包的狀況，
選用輕量的包款材質。

商務談判用的資料
和地圖。

016 | 善用直立式收納法

▶ 直立後會更整齊的東西，就試著直立收納

　　我在家中的桌面上各放了一個收納箱和筆筒，用來直立收納各式各樣雜物。試著把掃描器等電子用品直立後，發現收納起來變得很整齊。我現在使用的收納盒，雖然看似細長又小巧，其實裡面塞滿很多東西。只要將收納盒放到客廳桌上，沒過多久，辦公桌就完成了。

　　容易到處亂丟的智慧型手機充電線等，全都直立收納在「NEO CRITZ 筆袋」裡。線材若是隨手亂放，經常被其他東西蓋住，一不留神就不見蹤影，成為失蹤人口……這種情況實在層出不窮，尤其是線材。採用直立式收納法，就能避免出現這種問題。

收納盒是IKEA的商品，輕
巧又堅固，我很喜歡。

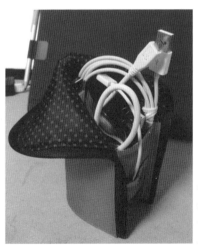

POINT
無法站立的東
西，也能試著
放在容器內直
立收納！

能夠直立的「NEO
CRITZ筆袋」，不
僅能放文具， 還可
以收納其他物品。

017 | 決定物品的「住址」

▶ **禁止物品「外宿」！**

我從未「收拾」過個人空間。會這麼說是因為，我也不曾有過物品「散亂不堪」的狀況。

藉由整理或收拾，能夠提高生產力。然而，整理和收拾的時候，生產力應該是正在下降的狀態（整理所耗費的時間並沒有生產力）。而且，之後還必須維持收拾後的狀態，生產力也會逐漸降低。

因此，重要的是打造出「不需要收拾的環境」，也就是常保整理過的狀態。訣竅在於「決定物品的住址」，根據使用目的、頻率、尺寸和自用或共用，決定東西的地址（收納地點）。如果無法立刻決定物品的住址，可以讓它暫居飯店（暫放的盒子），但絕對不可以住超過一晚。使用完的東西一定要讓它回家，禁止外宿。

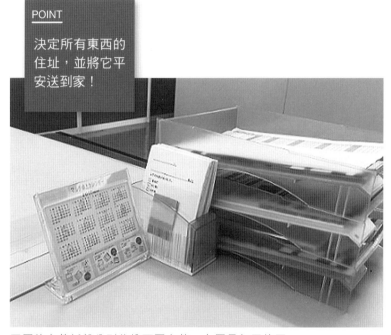

POINT

決定所有東西的住址，並將它平安送到家！

三層的文件托盤分別收納不同文件。上層是每天的工作和進行中專案的相關文件；中層是每個月的工作和當月截止的專案相關文件；下層是任何時期都會用到的文件。確實決定每樣東西的住址（收納地點）。

018 | 隨身包長胖時，馬上處理

▶ 收納容量即將超過負荷時，就是整理的好時機

當隨身物品多到快要溢出公司內部移動時使用的隨身包「mo・baco」的時候，就是整理的好時機。

專案進行當中（專案還在執行過程），即使相關文件都已經電子化，並且儲存在電腦裡，我還是會將資料列印出來，收到資料夾內。（因為手邊有紙本資料，方便馬上確認。）

因此，主要的整理工作就是確認隨身包裡，是否還有已經結束的專案資料夾或相關資料，如果有的話，馬上丟棄。

而且，我不想帶著多餘的物品，所以空資料夾不會收著，而是放到公司的回收托盤內（回收專區）。只要遵守這些簡單的整理規則，就能讓工作更順手。

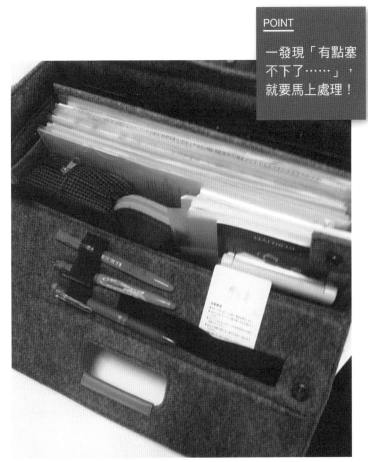

POINT

一發現「有點塞不下了……」，就要馬上處理！

最理想的狀態，是像照片裡那樣，包包收納得井然有序。

019 | 包包裡也要採用 直立式收納法

▶ 馬上找到需要的東西，能給人聰明知性的好印象

　　我使用的是能夠直立放在辦公桌或地板上的包款，包包內每樣東西也都採用直立式收納。

　　文件、文具、錢包、名片和 iPad 等各式各樣的東西，我都是收在包中包「Bizrack 收納袋」裡，讓它們立正站好。這款收納袋收納空間充足，材質又不會過於厚重，我非常喜歡。收納線材和醫藥品等小物的兩款收納袋，我也選擇薄型的款式，讓它們也能直立塞進包包中。

　　採用直立式收納法整理包包，就能一眼辨識東西收在哪個位置。物品不會再在包包內搞失蹤，也省去翻找的困擾。包包本身也不會東倒西歪，能帶給別人知性聰明的好印象。

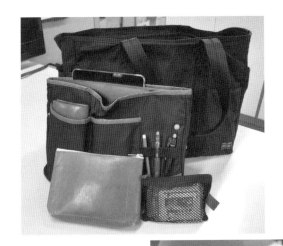

POINT

物品收在薄型的
收納袋裡，再放
進包包內！

將物品直立塞進包包
裡，就不會再跑到下
層，也不必擔心它們
搞失蹤。此外，我會
選用材質硬挺不過於
軟塌的收納袋。

020 │ 訂定整理、丟棄的規則

▶ 訂定五大規則,自動減少文件數量

① 訂定規則:整理時如果還要苦惱,到頭來反而會變得什麼都沒丟掉,因此規則必須具體,例如「丟掉報價單」「丟掉規格明細表」等。

② 兩年內都沒有翻閱或使用過的東西全部丟棄:以前的測試結果或是樣品與文件等,近兩年內完全沒有使用到的東西就該丟棄。

③ 毫不猶豫地丟棄:以後可能會用到、或許可以送給誰,絕不可為了這類毫無根據、虛無縹緲的理由,留下不需要的東西。

④ 定期檢查桌面:每兩個星期檢查桌面上的文件,除了可以防止工作怠惰或遺漏,如果發現已經處理完的文件,也能趁機整理收拾。

⑤ 只收在一個檔案盒內:即使文件增加,也不添購新的檔案盒,而是下定決心只留一個檔案盒,所以只保存一定的文件數量。

POINT

進行中專案的文件只放在一個檔案盒內！

訂定規則只用一個檔案盒收納進行中的專案文件。能夠保存的文件數量有限，所以用不到的必然會電子化歸檔，或是丟棄處分。

021 選擇薄型設計，
才是整理收納的重點

▶ 購物時，選擇「輕薄」的設計

　　選購新商品時，我會盡量選擇輕薄的商品，因為薄的東西在收納上具有更多變化的空間。舉例來說，薄型筆記型電腦可以像書本一樣直立放進書櫃裡收納。不僅外觀整齊美觀，也不易堆積生灰塵，非常乾淨。也不會失誤，一不留神不小心把重物砸到電腦上。

　　除此之外，直立式收納能將每樣物品一覽無遺。較薄的東西若堆疊收納，便無法清楚辨識被壓在底下的東西，小於十公釐是最適當的厚度。近來，電子通訊相關設備也推出極度輕薄的產品，多了「輕薄」這個選項，對於有收納煩惱的人是一大福音。

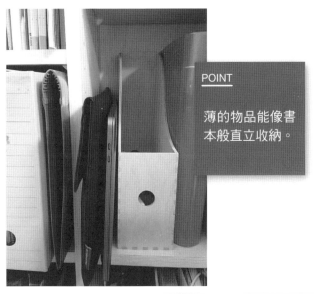

POINT

薄的物品能像書
本般直立收納。

機能相同但設計較為輕
薄時，即使價格稍微貴
一些，我也會選擇較輕
薄的款式。發生緊急狀
況時，也方便攜帶。

022 | 把四張紙縮減為一張

▶ 活用印表機，減少使用紙張

　　自從進公司到現在，一直以來我都是在無固定座位制的環境下工作，不曾擁有屬於自己的辦公桌。因此，我每天都會下意識減少身旁的物品。專案結束當下，除了需要保留的文件（最終版的報價單或設計圖等），其他東西我會全部丟棄。

　　然而，專案執行途中資料會不斷增加，所以我會盡可能掃描資料，將文件電子化歸檔儲存在於雲端上，以利使用 iPad 瀏覽。

　　如果想在手邊保留一份紙本文件，我會將 A4 影印紙的正反面分成兩欄，將資料縮小並且雙面影印。橫式的 A4 文件，則是單面放兩頁資料，雙面印四頁資料，以紙張張數來看，即可將數量從四張減為一張。

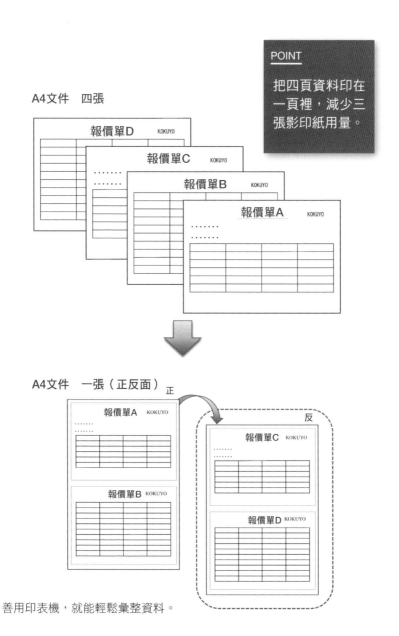

A4文件　四張

報價單D　KOKUYO

報價單C　KOKUYO

報價單B　KOKUYO

報價單A　KOKUYO

POINT

把四頁資料印在一頁裡，減少三張影印紙用量。

A4文件　一張（正反面）正

報價單A　KOKUYO

報價單B　KOKUYO

反

報價單C　KOKUYO

報價單D　KOKUYO

善用印表機，就能輕鬆彙整資料。

023 | 利用資料夾的顏色做分類

▶ 把「丟棄」放在心上，再分類資料

為了減少總是不斷增加的文件，可以將文件分類放進四個不同的 U 型資料夾，整理出不需要的文件。資料夾的分類方法如下：

① 丟棄（廢紙）：不需要，但可作為廢紙的文件。

② 丟棄（銷毀）：不需要，但必須使用碎紙機銷毀的文件。

③ 總之先保存下來：無法馬上判斷要歸檔或是丟棄的文件。

④ 之後歸檔：之後再歸檔保存的文件。

雖然 U 型資料夾附有索引標籤，但準備不同顏色的資料夾，區分「綠色＝廢棄」「紫色＝暫時保存」等，更容易分類。放在暫時保存資料夾的文件，經過一段時間後，我會一次全部整理丟棄。

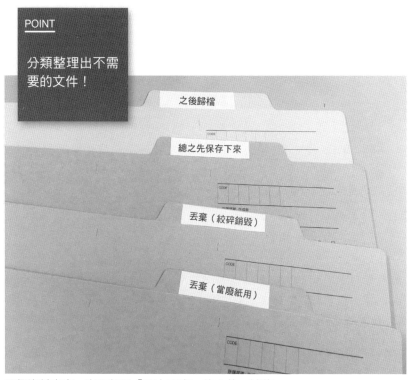

POINT

分類整理出不需要的文件！

之後歸檔

總之先保存下來

丟棄（絞碎銷毀）

丟棄（當廢紙用）

四個資料夾中，有兩個是「馬上丟棄」的文件。試著
分類後，會發現不需要的文件其實很多。

024 | 使用兩種不同尺寸的長尾夾

▶「小」長尾夾分類資料，「特大」長尾夾彙整全部文件

　　由於工作性質關係，我手邊常有許多還在製作中的企劃書或提案文件。而且，它們全部都有時效性，講求速度，我實在沒有多餘的時間，能夠一樣樣將資料歸檔整理。儘管如此，也不能什麼都不做任由資料丟失，或是浪費時間找資料。因此，我採用簡單又容易的雙尾夾整理法。

　　首先，將還在製作中的小專案企劃書（提案書），各自用「小」長尾夾夾好。接著，將這些專案資料匯整好後，再用「特大」長尾夾固定，整個專案的資料即彙整成冊。

　　這種收納法的運用規則單純，需要的收納空間極少。丟棄資料時，也只要將長尾夾拆下即可，非常簡單。

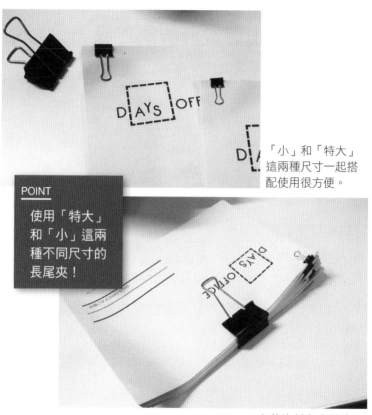

使用「特大」
和「小」這兩
種不同尺寸的
長尾夾！

「小」和「特大」
這兩種尺寸一起搭
配使用很方便。

文件資料各自用小
長尾夾固定後，再
用特大長尾夾彙整
在一起。

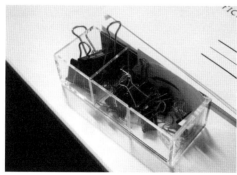

收納長尾夾時，
只要依照尺寸概
略區分即可。

025 | 把迴紋針收納在牆上

▶ 不管拿取或收納，一個動作就可以完成。

我把吸鐵式的迴紋針收納盒吸在活動櫃的抽屜前面。這種迴紋針收納盒比較薄，所以也能放在抽屜裡使用。不過，因為它背面附有磁鐵，可以吸在活動鐵櫃或是牆面上。再加上它的表面（收納迴紋針的側邊）也是磁鐵，即使垂直擺放收納盒，迴紋針也會緊緊吸附，不會掉落。

如果使用有深度的收納盒，必須把迴紋針從裡面抓出來，非常麻煩。但是，薄的收納盒沒有蓋子，維持開放的狀態，使用時只要咻地伸手拿取迴紋針，收納時也只要啪地讓它吸回磁鐵上即可，非常順手方便。

霧面的迴紋針收納盒是KOKUYO設計品牌「trystrams」的產品。迴紋針就吸在收納盒的外側，非常方便拿取。

026 物品要配合抽屜的容量收納

▶「剛剛好」的量使用起來最方便

配合活動鐵櫃抽屜的收納量，調整物品的數量。最上層的抽屜只收「放得下的」文具量，放不下的文具就放棄自己持有，改用共用的文具。反之，如果還有收納空間，放一些使用頻率較低的文具在身邊也無傷大雅。

最下層的抽屜，則保留收納包包的空間。因為，我不想把包包放在地上，如果放在抽屜前，拿其他東西也不方便，所以決定收在最下層的抽屜。

根據收納量調整持有物品的數量後，活動鐵櫃的抽屜會呈現剛剛好被塞滿的狀態。此外，我也保留了下班後可以收納筆電和線材的空間，像這樣「剛剛好」的狀態使用上非常順手。

配合抽屜的收納空間選
擇文具，留下剛剛好的
物品量。

POINT

目標：放進去
剛剛好！

下層的抽屜不會太擁
擠，也不會太空，收
納的量剛剛好。

027 只攜帶一本
隨身手帳兼筆記本

▶ 自由增減書寫空間的隨身手帳

我把 B5 的活頁筆記本當作手帳（記錄行程表）兼筆記本使用，行程和筆記都寫在一起，只要隨身攜帶這一本，非常輕鬆。

以前，我沒有其他辦法的時候，只好筆記本和手帳兩種都買。之後，我不買筆記本只買手帳，結果不是記事空間不夠，根本沒有辦法寫筆記，就是反而多出沒用到的頁面。

這種不上不下的使用方法實在讓我無法忍受，於是重新審視使用方式，才改用現在的活頁本。要是出現「這個月有很多會議，筆記空間會不夠！」的時候，就能馬上補充活頁紙，非常方便。

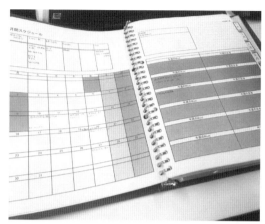

我用EXCEL自製行程表，側邊
還附上月份索引標籤。

POINT

使用活頁筆記
本，就能不受
頁數限制。

這是用來寫筆記的內
頁部分。

我用的是紅色的「Campus
26孔繽紛活頁夾」。

028 | 把「丟棄」列為例行公事

▶ 訂定「文件整理日」，掌控文件持有量

我認為，工作時若能縮短尋找東西（文件或物品）的時間，便能大幅提高生產力。因此，為了極盡全力減少不需要的東西，我訂下「文件整理日」，定期整理手邊持有的文件。

我的整理方法和一般人差不多，先確認手邊的文件，需要保存的文件就歸檔存在公司伺服器裡。紙本文件則是掃描後電子化，不留紙本。

① 每週五整理當週的文件資料，不需要的隨即丟棄。

② 每個月月初（三個工作天內）整理文件，並且整理和清掃收納櫃。

這是我在文件整理日會做的事。如果手邊的文件不管三七二十一就往收納櫃放，最後塞滿櫃子，反而是本末倒置，因此我也將整理收納櫃列入要做的事情裡。

POINT

每週五和月初
是丟棄和清掃
的日子！

常保收納櫃整潔。

029 增設折疊傘的收納專區

▶ 物品散亂不堪,表示大家都很困擾

我是業務員,經常會用到可收納的折疊傘。每次跑完外勤回公司後,我總會煩惱溼掉的雨傘該放在哪裡。但是,通常也只能捲好溼答答的傘,放在收納一般雨傘的傘架下方,老實說,這種做法讓我感覺不太舒服。

辦公室裡也有同事會把溼掉的雨傘拿到座位上,所以地板就變得又溼又髒,不太美觀。那時,我正好聽說有「折疊傘專用的傘架」,馬上買來試用。我們發現這種傘架很好用,大家也用得很順手,原本散亂不堪的傘架四周,馬上就變得整齊又清潔。折疊傘專用傘架有吸鐵式也有掛鉤式的,可以吸附或懸掛在一般傘架的側邊或前方,既能節省空間又方便使用,我非常喜歡。

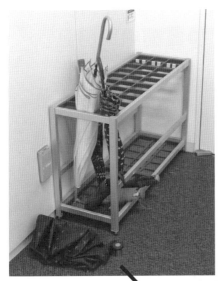

折疊傘只能放在地板
上或是傘架下方。

POINT

在平常使用的傘
架上加上折疊傘
的專用傘架！

只要裝在原本使用的
傘架上，不必另闢新
的收納空間。來拜訪
的客戶都讚譽有加。

030 定期更換置物櫃位置

▶ 利用「搬家」計畫，整理和處分持有的物品

公司採用無固定座位制，所以大家的個人物品都是收在各自的置物櫃裡。

不久前，公司的提案改善活動上，有人提出意見：個人置物櫃的位置一直都沒變動，不是很不公平嗎。因此，我們改成每三個月不換座位，而是更換置物櫃的位置。確實，置物櫃在最下排的人每次都得蹲下來搬東搬西，非常辛苦。

其實，多虧了每三個月更換置物櫃的制度，開始整理置物櫃個人物品的人明顯變多了。不管是在公司換座位或辦公室，或是自己家裡要搬家，只要行程定下來，都會先處置不需要的物品，接著才開始整理。更換置物櫃位置前先整理也是一樣的道理。

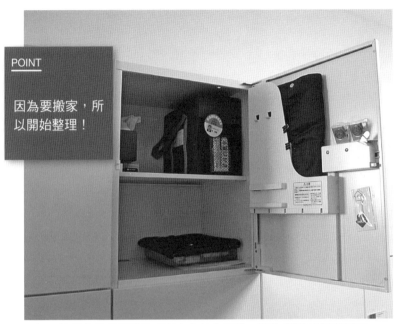

更換置物櫃位置是開始整理個人物品的契機，置物櫃裡不再堆滿不需要的東西。

置物櫃在下方的人必須彎腰蹲下。

Chapter

2

可搜尋的整理術 30招

減少找東西和想太多的時間，
就能保有餘裕創造成果。

🔍031 常用物品要放在手邊

▶ 平常就要注意收納順序，找東西時才不煩惱

　　「進行中」的專案件資料統一放入資料夾，收在抽屜最前方。進行中專案的資料增加，資料夾數量也變多的時候，我會將所有資料夾收進 U 型資料夾，放回抽屜最前方。放在 U 型資料夾內的資料，也會依照使用頻率決定排列順序，常用的放前面。

　　我都會定期檢視抽屜內的文件，由於常用的資料自然會往前放，所以只要從抽屜後方的資料（表示沒有在使用）開始檢查。

　　沒有在使用，但以防萬一得先保存下來的資料，我則會移出來放進收納櫃，或是選擇把它們電子化，以捨棄紙本資料。

POINT
常用物品放在前方，需要檢視的文件就會聚集在後方。

常用的東西會自然聚集在前方，所以可以從後方的資料開始確認是否要丟棄。

進行中的專案資料中「正在進行」的資料收進單獨的資料夾，直立式收納在辦公桌上。

⚲ 032 | 常用的名片就收在
眼前的置物盒裡

▶ 經過反覆測試，我發現「粗略保管」是最適合的方法

我把工作時會使用到的名片，放在有隔間的盒子裡收納保管。

和別人交換名片後，雖然我習慣會先將所有名片電子化，但是常常需要聯絡的對象，或是進行中專案的相關聯絡人的名片，還是放在眼前（伸手可及的位置）使用上會更方便。

我也曾經嘗試過，用名片收納簿（一頁可收納六張名片）或是旋轉式名片架整理名片。但是，經過多次嘗試，我還是認為放在眼前最方便。一旦發現名片變多的時候，只要粗略瀏覽，挑出「沒有也沒關係」的名片丟掉即可。因為所有名片都已經掃描電子化，所以不需要多加思考，就能夠迅速判斷是否要丟棄。

名片收納盒直接放
在電腦螢幕下方的
空位。

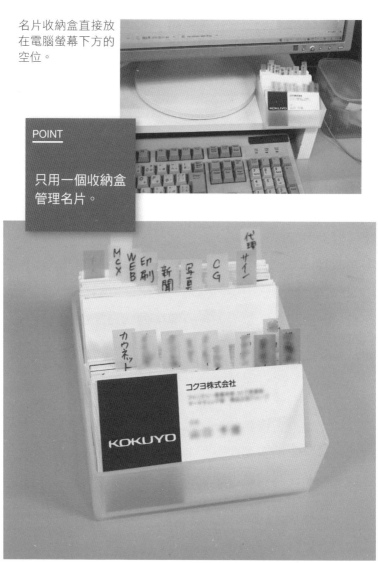

POINT

只用一個收納盒
管理名片。

隔板前放客戶的名片，後方收納製作宣傳商品時合作夥伴的名片；
貼上索引標籤分類名片。

🔍 033 │ 東西要放在固定的位置

▶ 有共用文具，就不需要自己持有

每天都會使用到的文具如果不放在手邊會非常不方便，但是一週或一個月才會用到一次的文具，其實可以改用共用文具，以減少手邊的物品。

我們的辦公室使用「整理方塊格」收納共用文具，根據物品的形狀（樣子），將方塊排列成完全吻合文具的空間，形成固定的收納位置。以前，收納共用文具的空間都被放得亂七八糟，常常找不到自己需要的東西。也有些同事不會將文具歸位，所以很多文具經常不見蹤影。

利用整理方塊格收納物品的好處在於，如果有人沒有歸還文具，收納空間會空著，非常顯眼。自從改用整理方塊後，幾乎沒有人會再忘記將文具放回原位。

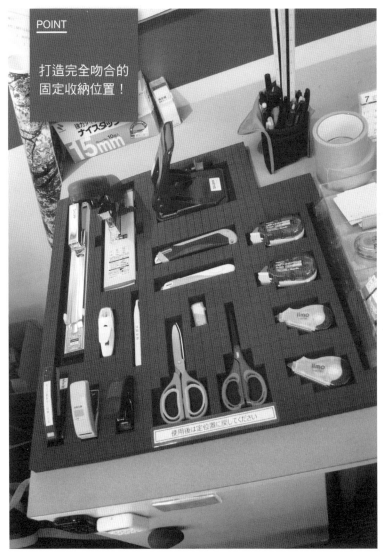

POINT

打造完全吻合的
固定收納位置！

利用「Kaunet原創管理墊」製成整理方塊格，打造共用文具收納空間。
整理方塊附有切割線，海綿方塊用手即可簡單切割使用。

○、034 ┃ 檔案名稱要加上關鍵字

▶ **檔名加上關鍵字，依照需求排列桌面檔案**

在檔案名稱上盡可能注明：

① 性質：檔案內容是「什麼」？例如：提案、報價單。

② 公司名稱：要給「誰」的檔案？

③ 日期：「什麼時候」需要的？

④ 商品名稱：是「怎樣」的商品？

以上項目雖然可以用下底線分隔標示在檔名上，但是，如果想迅速在 Windows 系統上找到檔案，就必須依照需求排序關鍵字。舉例來說，要是商品名稱比較重要，就以此作為開頭為檔案命名：「麥克筆_20170712_提案.ppt」「筆記本_20170712_價目表.xls」。使用電腦時，我習慣將正在使用的檔案放在桌面右下角。

當桌面上的檔案開始增加，甚至超過桌面一半以上的空間，就是整理的時候。我會找出沒有在使用的檔案，整理成只剩下大約四列的檔案數量。

POINT

利用關鍵字讓檔案名稱顯眼又醒目！

不論檔名有多清楚，檔案數量增加時，就會變得難以判別。檔案超過桌面的中線，就是該整理的時候！

有些檔案商品名稱非常類似，所以想要強調某種屬性時，我會再加上【　】的符號。

035 把紙膠帶當作標籤使用

▶ 紙膠帶方便黏貼又可輕鬆撕除，很適合當標籤用

我習慣將文件收在資料夾裡，然後拿紙膠帶作為標籤，寫上日期後貼上資料夾。接著，我會依照客戶名稱分類，將所屬資料夾收進 U 型資料夾（使用有厚度的款式）。

由於我的工作每半年就是一個循環流程，所以每過半年，我會重新檢查手邊的文件，將需要的資料電子化，不需要的則馬上丟棄。

紙膠帶可以簡單撕除，也不會留下殘膠，所以資料夾也能重複使用。而且，使用的時候，紙膠帶也不會輕易掉落，這一點讓我非常滿意。

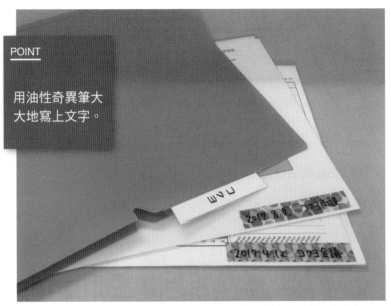

POINT

用油性奇異筆大
大地寫上文字。

即使紙膠帶的顏色鮮豔或是花紋設計花俏，也能清楚看見寫下的文字。

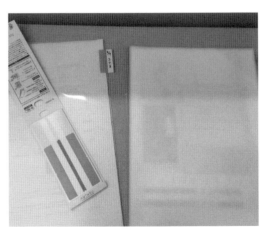

正在考慮之後要改用
KaTaSu系列的標籤，
這款商品不只可以當
便利貼用，也可以拿
來當索引標籤。

036 | 透明資料夾內側貼上便利貼

▶ 標籤不掉落，找資料更輕鬆

　　我主要都是使用便利貼作為資料夾的索引標籤。因為我不想增加手邊的東西，所以並不想為了貼標籤另外準備其他文具。所謂的索引標籤，只要能夠判別標題和資料內容即可，所以我沒有其他特別堅持的要求。

　　將便利貼當作索引標籤使用時，我會選擇不會遮住資料文字內容、尺寸偏小的便利貼。接著，有黏膠的那一面（黏貼面）寫上專案名稱或是標題，再貼在資料夾的內側就大功告成。如果貼在資料夾外側，隨身攜帶資料時，便利貼可能會折損、弄髒或是不小心掉落。

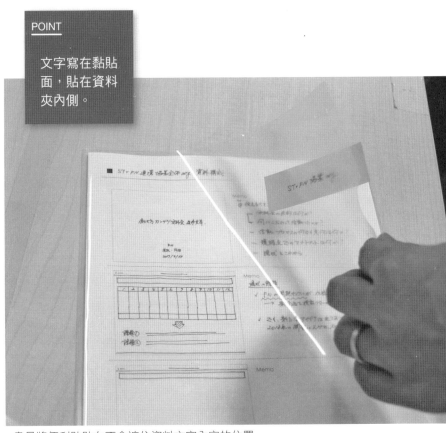

POINT

文字寫在黏貼
面，貼在資料
夾內側。

盡量將便利貼貼在不會遮住資料文字內容的位置。

037 ｜ 只靠直覺判斷的粗略分類法

▶ 不需過於拘泥擺放位置，「差不多」即可

我不擅長細膩地整理收納，所以為了避免整理，只根據兩個重點行事：

① 該丟就丟，所以不需要分類或整理。

② 事前預防，不讓物品增加。

收納物品時，必須確切決定、固定物品的擺放位置，這讓我覺得負擔重大。所以，我只會將物品大致分類，粗略決定要放進去的東西之後，只要遵守把東西放進去的原則就好。舉例來說，我的包包內有兩個收納包，一個裝「需要使用到電的東西」，另一個則裝「不需要用到電的東西」。網狀的尼龍收納包裡有電源線、電池、變壓器和耳機等。另一個棉質收納包，則裝著常備藥品和面紙等物品。

我選擇兩種不同材質的收納包，是因為把手伸進包包裡時，只需要靠觸感就能判斷出是哪一個收納包。這個做法非常推薦給怕麻煩的人參考。

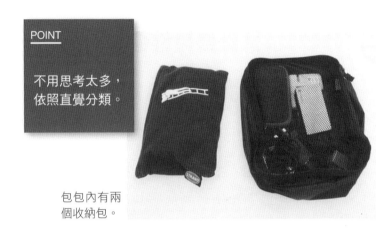

POINT

不用思考太多，
依照直覺分類。

包包內有兩
個收納包。

棉質收納包裡裝著筆、常備藥品和面
紙等「不需要使用電的東西」。

尼龍收納包裡裝著電池、變壓器、
電線類物品等「需要使用到電的東
西」。

⚲ 038 │ 愈小的東西 愈要避免堆疊收納

▶ 搭配小巧的淺托盤，把物品收在固定的位置

　　放在抽屜裡的小型文具或物品（指套、便利貼、修正帶、橡皮擦和迴紋針等），我都是收納在小巧的淺托盤裡。

　　為了有效利用收納空間，我還會選用兩種較大的四角型托盤做搭配。這種四角型托盤是圓角設計，四周還留有適度的空間，抽屜內不會有被擠得滿滿的擁擠感，我非常滿意。

　　東西是否方便拿取非常重要，所以排列托盤時不可堆疊擺放。不常使用的替換用墨水和備用文具放在抽屜最裡面。裡面的空間因為不會經常使用，所以物品稍微堆疊擺放也無所謂。整理好抽屜內的文具，使用起來更加順手，心情也變得豁然開朗。

迴紋針類的文具如果放太多，容易散亂各處破壞整潔，所以保持適量，方便取用即可。

$\overset{Q}{\diagdown}$ 039 | 利用時間順序整理、記錄並且保存

▶ 貼上標籤、寫下時間，搜尋時一目瞭然

　　我通常只會使用一本筆記本。不論商務討論或是會議記錄，全部都依照時間記錄在同一本筆記本上。筆記本用完後，在書背貼上標籤，清楚標示使用時間。

　　我的整理重點在於，筆記本第一頁必須當作扉頁使用，貼上使用期間的月曆，標示記錄的月份和內容。用這個方法作筆記，往後再次翻閱筆記本時，能夠更鮮明地回想起書寫的內容。將行程表連結記錄內容，也能夠喚醒記憶中的各種感官和臨場感。

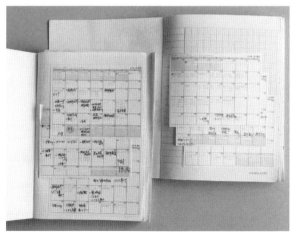

POINT

筆記本用完後，
在書背貼標籤並
製作扉頁。

將筆記本並排，只要看書背標籤，馬上就能知道是哪個時
期的筆記本。

不需要一頁一頁翻閱，只要瀏覽第一頁就能知道內容。

᠐ **040** | 紙本資料不要打洞

▶ 依照紙張尺寸，各別整理收納

工作上，我會使用到 A4 的文件 A3 的設計圖，所以都是依照紙張的尺寸，運用不同的整理方法。A4 尺寸的資料以「一個專案放在一個資料夾裡」為準則，只保存能收納的文件量，放不下的全部丟棄。而為了能隨時確認和書寫 A3 尺寸的設計圖，手邊只會保留最新版本，不需要時就丟棄。即使是最新版的設計圖，我也不會另外收納，而是直接使用特大的長尾夾固定保存。

這兩種方法的共通點在於「不打洞」。由於我手上時常會有多個交期短的專案同時進行，並沒有多餘的時間仔細收納整理資料，而且就算想要保管，分配到的置物櫃空間也狠狹窄。不過，這種不打洞的整理方法我用得很順手，沒有任何不便，也輕易就能找到需要的資料，非常滿意。

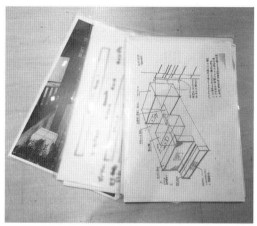

使用薄型的資料夾是因為無法收納大量文件→必
須定期掃描歸檔→碎紙機銷毀紙本，這樣的流程
更方便順手。

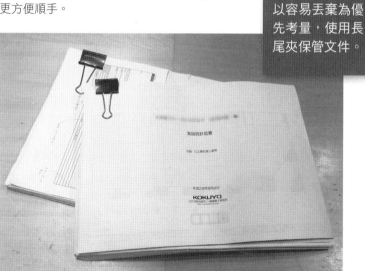

運用特大長尾夾收納有厚度的設計圖。除了最新版本，其他資料直
接銷毀，所有檔案都保留電子檔。整理後掃描，建立不同日期的資
料夾歸檔管理。

041 收納櫃必須看得見內容物

▶ 提高識別度，縮短尋找的時間

　　商品宣傳手冊和廣告工具種類多，形狀也是各式各樣。為了管理像這樣種類多、數量少的物品，我選擇能看見內容物的多層文件櫃。宣傳雜誌有「標題」，商品手冊則標上「商品名稱」的索引標籤，大概會各別收納 10 ～ 15 本左右。

　　但是只仰賴索引標籤的文字，從眾多種類中找出需要的東西並不容易。然而，如果能直接從外面看見櫃子裡收納的物品，就能馬上找到要找的東西，非常方便。

　　另外，相關物品統一收納在同一個地方，拿取時也不需要東跑西跑，更有效率。有一次我跟客戶開會，對方提到某樣商品，所以送客戶回去時，我順手將商品手冊放進信封內交給對方，讓他非常開心。

POINT

使用可以看清內容物的文件櫃。

素材的樣品和實物都收在裡面,所以尋找需要的物品時非常方便。有時候,還會找到更適合的素材,甚至也可能因此浮現新的創意。

042 書背朝下收納才更方便

▶ 重要的不是標題，而是裡面的內容

　　將檔案夾（附有多個透明資料袋的資料簿）收在抽屜時，大部分的人都會為了能看見書背上的標籤，將書背朝上收納。但是，我卻是完全相反，將書背朝下，書口朝上收納。因為，這樣確認內容時更方便。

　　如果書背朝上收納，找資料時一定得經過重重步驟；先將檔案夾從抽屜內完全取出，打開檔案夾，接著才開始尋找需要的頁面……。然而，如果書口朝上，只需要將檔案夾拉起一半左右，就能找到需要的資料。接著，確認過資料之後，一放開手，檔案夾便能瞬間回歸原位。

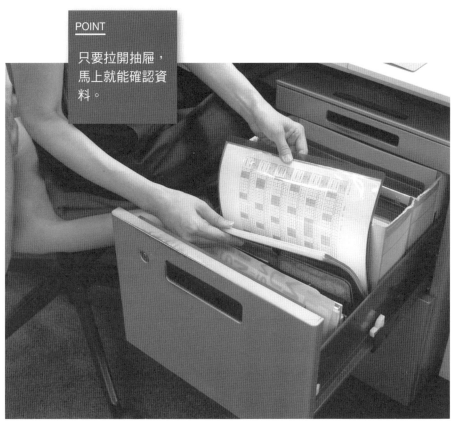

POINT

只要拉開抽屜，馬上就能確認資料。

每天早上製作日報時，經常需要確認相關資訊，每次只需要一個動作就能找到資料，長期下來能節省許多時間。

℺ 043 | 資訊要彙整在 大家會靠近的地方

▶ 布告欄要放在大家最常聚集的地方

我把自家冰箱的側邊當作貼磁鐵布告欄的牆面，全家人的工作或私人行程，都公告在這裡。

例如，自己的工作行程、孩子學校的行程、記載全家行程的行事曆，或是附近交通工具的時刻表等。家人到這裡確認資訊時，即可一眼掌握自己和其他人的所有行程，甚至也能減少忘記日期的情況發生。如果想加入新的行程，也能透過布告欄上的資訊，判斷是否可以安排。

辦公室裡公司內部的聯絡事項，都公告在印表機上方的布告欄。當然，由於客戶很常經過這裡，禁止外流的重要事項不可公告在公開的布告欄。但是，如果是公司內部的各種政策、注意事項，或是其他公司據點的相關話題等，可以活用印表機上方的空間作為資訊匯集地。

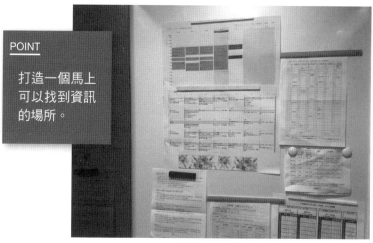

使用磁鐵布告欄，不管是張貼或撤除都很輕鬆簡單。

等待資料印出來
時，只要稍微將
視線往上移，就
能確認資訊。

POINT

打造一個馬上
可以找到資訊
的場所。

⌕ 044 | 善用筆記本連結過去和現在

▶ 筆記本要加上追溯時間的功能

我只使用一本筆記本,不會依照筆記內容(會議、專案或是商務討論等)準備很多本筆記本。

作筆記時,首先我會在頁面的開頭寫下標題「專案名稱」或是「○○會議」並記錄日期。往後記錄相同專案時,為了能夠知道上次的筆記寫在哪一頁,我會標注筆記本的頁數和上次作筆記的日期,如:第 5 頁○／△。同時,我也會在上次筆記的最後,寫下下一筆資料的筆記頁數,如:第 7 頁○／△。

透過這個方法,日後翻閱筆記本時,可以輕易找到前一次商務討論的記錄,也可以藉由時間詳細追溯事件的經過。

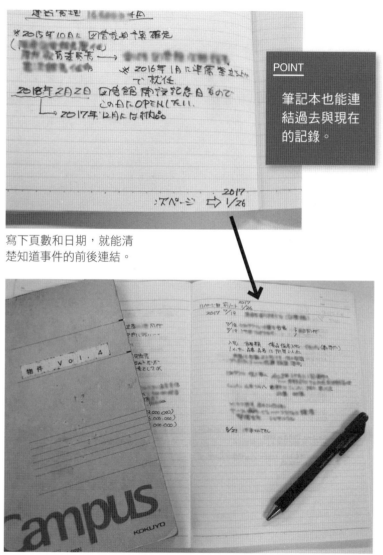

POINT

筆記本也能連結過去與現在的記錄。

寫下頁數和日期，就能清楚知道事件的前後連結。

只要有兩本筆記本（最新版和前一本），需要的資訊幾乎全都能入手。

045 | 從「其他」開始分類

▶ 資料開始增加時，就該製作專屬資料夾

我非常喜歡「方便」！所以，我會下意識嘗試各種不同的整理方法。

目前，我使用的是 KaTaSu 系列的攜帶型檔案夾（附有手把，採直立式設計）分類資料。一開始我會先將資料收在「其他」資料夾內，當該專案的資料開始增加，需要整理時，我才會製作專屬資料夾，再加上標題標籤。

此外，我會盡量不讓標籤被遮住，以避免無法清楚看見文字的狀況，並嚴格遵守不讓各資料夾標籤對齊的原則。這是因為，我沒辦法花時間一張張對齊標籤，而且如果標籤之間差距只有幾公釐，又排列得整整齊齊，只要有一張沒有對齊，就會讓人非常介意。所以，標籤貼得粗略不整齊是一大重點。

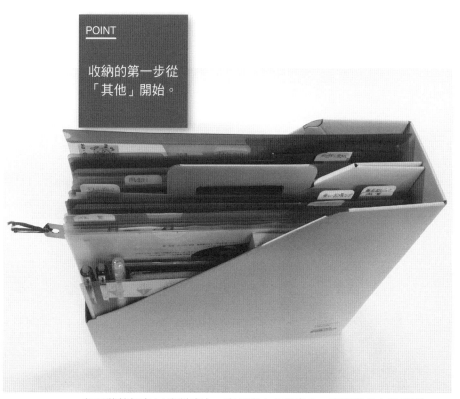

POINT

收納的第一步從
「其他」開始。

如果將筆插在A4資料夾上，容易不小心飛出去。所以我會在最前面
放一張A5資料夾，用來插筆，也可收納發票、收據和其他小東西。

🔍 046 | 設置「未完成」和「已完成」的托盤

▶ 外勤多的業務必備：兩個托盤

業務部門所有員工都會分配到兩個一組的文件托盤組合，一個托盤上貼著標籤「○○未完成」，另一個則是「○○已完成」（○○是員工的名字）。舉例來說，收到的傳真或是已提出報價的文件放在「○○未完成」的托盤裡，確認完成或是已經下訂單的文件，則放在「○○已完成」的托盤裡。

業務員經常會一整天外出不在公司，但是自從運用托盤組收納文件後，和內勤員工聯絡時變得更加順利了。例如，外出的同事會打電話回公司說：「可以幫我看一下已完成托盤裡的文件嗎？」

運用托盤收納文件時，大家都各自有不同的細節規則，但以我來說，每隔兩週檢查「○○已完成」托盤，判斷並整理文件資料是否要保留，或是要丟棄。

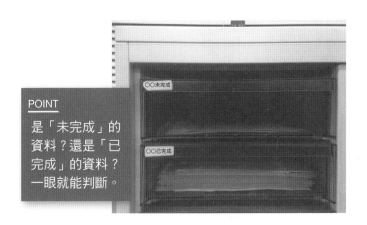

POINT

是「未完成」的
資料？還是「已
完成」的資料？
一眼就能判斷。

托盤組合放在多功能事務機和碎紙機附近，使用機
器時還能順便確認資料，非常方便。

⌕ 047 | 用便利貼製作資料夾索引

▶ 便利貼可以重複黏貼，所以當作索引使用

我會將目前正在進行中的專案資料，依照專案別放進資料夾後，再統一收進立式檔案盒裡。立式檔案盒比一般的文件收納盒略低一點，收進書架後可以輕鬆抽取使用。

每個專案的資料夾根據性質整理成冊，如「WORK 資料」或「OUTPUT 資料」，再以顏色區分資料夾內容。接著，在便利貼上寫下資料夾的顏色區分規則，再貼在收納盒的外側即可。

基本上，進行中專案的相關資料都是在便利貼上寫下標題後，作為索引使用。即使之後變更標題，或是專案結束時，都可以輕鬆重複黏貼。

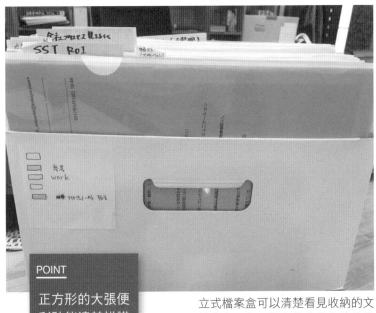

POINT

正方形的大張便利貼能清楚辨識文字！

立式檔案盒可以清楚看見收納的文件內容，和一般文件收納盒的收納量相同。

貼有「之後再處理」標籤的檔案盒。為這類型的檔案盒加上標籤也非常重要。

⌕ 048 | 迅速整理文件的三個步驟

▶ 善用三步驟，輕鬆減少文件量

我經常被其他同事說：「你的文件好少喔。」我並不是升任事業負責人後，才變得不會囤積資料。而是以前從事業務工作時，文件量就非常稀少。我從那時候開始，都是以三個步驟整理文件。

① 拿到文件後，第一件事就是先塞進辦公桌最上層的抽屜裡（這也是我收納筆記型電腦的地方）。

② 隔天早上拿出筆記型電腦時，順便篩選資料，決定要保留或是丟棄。要保留的文件放進下層抽屜內的分類資料夾裡。

③ 分類資料夾約一個月整理一次，不需要的東西直接丟棄。

因為文件的數量不多，所以我也不曾為收納或分類煩惱，或是因為找不到需要的資料而焦躁不安。

工作時常保辦公桌整潔。沒有丟在桌上未整理的資料，即使是部屬呈交的報告，我也不會留在手邊。

POINT

透過三步驟整理文件，只保留剩下來的資料。

總之先將資料塞進上層抽屜。要保留的資料收進下層抽屜的分類資料夾裡。

⌕ 049 | 善用三種尺寸的檔案夾收納文件

▶ 收納時，要將保存方法也列入考慮

　　使用大、中、小三種檔案夾區分專案資料。首先，未來可能還會增加的資料放在小的資料夾（U型資料夾）。小～中型規模的專案資料，收進中的資料夾（雙孔活頁夾）。如果是達到某程度的大規模專案，則是收納在大的資料夾裡（雙孔檔案夾）。

　　案件結束後，也繼續將資料放在雙孔檔案夾內，大約保存三至五年左右。（如果不需要使用，則直接丟棄。）雖然檔案夾有厚度，會占據收納空間，但是後續增加資料時卻非常方便。

　　大、中、小三種檔案夾，要個別貼上使用標籤機製作的標題或名稱。習慣整個流程後，製作標籤的時間會愈縮愈短，標籤如果字跡端正，搜尋資料時也比較方便。

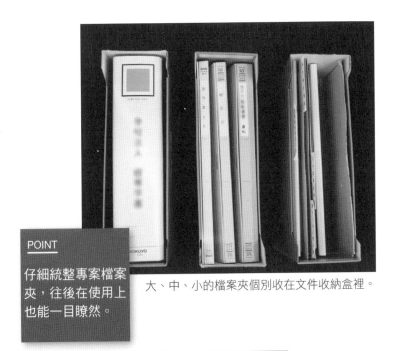

POINT

仔細統整專案檔案夾，往後在使用上也能一目瞭然。

大、中、小的檔案夾個別收在文件收納盒裡。

為了能看見A3尺寸的資料（設計圖等）內容，我會將紙張折三折變成A4尺寸後，和所有資料收在一起。

⌕050 | 類型不同的物品要分組收納

▶ 收在檔案盒，資料愈有機會回到原位！

　　家具或素材目錄類的資料，或是工作時取得的資料都並非歸個人所有，所以全部收進公司的資料庫集中管理。如果大家都各自保管資料，個人的所有物數量會不斷增加。此外，這些資料也不是每天都會用到，所以大家共用就可以了。

　　以前，書櫃上的檔案都是像書店一樣，依照五十音或是類別等索引擺放，搜尋線索是資料被歸類的類型。但是，經常會有人在歸位時想著「應該大概是放在這邊吧」，就隨便塞回書櫃。於是，下一個人要使用資料的時候總是遍尋不著，實在不堪其擾。

　　自從改善過收納方法，改成先將資料放進貼有標籤的檔案盒，再收進書櫃後，該歸還的位置變得顯而易見，資料歸位的精準度也大大提升。使用上變得更加方便，大家都非常開心。

POINT

不要各自凌亂擺放，改成放進檔案盒裡收納。

拉出分類的檔案盒後，再根據號碼搜尋資料。

歸還資料時，只要放進該類型資料所屬的檔案盒，就不必擔心資料鬧失蹤。

051 | 用五分類資料移轉法，提高工作生產力

▶ 根據處理狀態或工作進度分類資料

我採用依據發生時間分類資料的「五分類資料移轉法」，減少尋找資料和思考的時間，還能提高生產力。

① 未處理資料夾：尚未著手處理的文件、外出時放進個人托盤內的資料。（有時候，一回公司就馬上要開會，所以我不會把資料繼續擺在托盤內，而是先放進未處理資料夾裡。）

② 處理中資料夾：還在進行商務討論的資料，或是正著手進行的文件。

③ 報價單製作中的資料夾：正在製作報價單的資料。

④ 已提出報價單資料夾：已提出報價單，商務討論已結束，尚未簽約，但很多人詢問資料的專案文件。

⑤ 移動至共用書櫃資料夾：已簽約、工作準備完成且商務討論也結束，往後不太會有人詢問資料的專案文件（統整後預計收進共用書櫃內收納）。

> **POINT**
>
> 根據文件的處理
> 狀態明確區分成
> 五大類。

只要有一個U型資料夾，即可靈活運用。我使用的是「索引標籤資料夾（KaTaSu）5索引」。可以將一般的便利貼當作索引標籤使用，所以我偶爾會改變分類項目（更改標題名稱）。

我會額外準備兩個資料夾收納要丟棄的資料，並區分出哪些文件需要使用碎紙機「銷毀」。

121

052 | 依照流動性管理資料

▶ 資料從流動轉換成非流動時，收納位置也必須改變

　　我負責許多同時進行的專案，所以會為各專案製作資料夾，並根據專案性質，區分成流動和非流動兩種資料。

　　舉例來說，近期的會議內容以及會議時提及的重要事項就歸類於「流動型資料」，收納於 LEITZ 公司製造的資料夾內。接著，當流動型資料堆積到一定程度，便將這些資料歸類於「非流動型資料」，移至 KOKUYO 推出的「彈簧夾式檔案夾（加厚版）」收納。

　　當資料從流動移至非流動時，我也會再次重新檢視並整理資料，將不需要的文件挑出丟棄後，再歸檔收納。

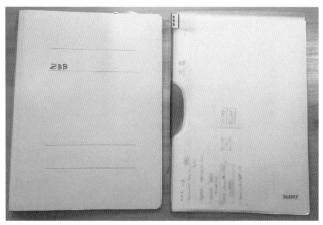

左邊是收納非流動型文件的資料夾。右邊是收納流動型文件的資料夾。

POINT

根據流動性和保存的方式分類資料。

流動型的資料收在桌面上。

🔍 053 │ 相同主題的資料，就用一元化管理

▶ **統一彙整主題相同的資料，使用上更方便**

　　我不讓相同主題的相關資訊散亂各處，而是會先統一彙整後再進行一元化管理。

　　以名為「A」的主題相關資料為例，不管是網路上搜尋到的資訊、參加研討會時得到的資料、講座時拍的簡報照片，或是自己針對主題架構的創意構想，我都會將資料剪下彙整後，貼在同一本筆記本上。

　　事先將資料彙整完成，一元化管理資訊，往後使用時就不需要四處找資料，非常方便。

　　我使用的是 A4 大小的「Campus 筆記本」。紙面大，非常適合用於剪貼資料和整理創意構想。

「好黏便利立可帶」（立可帶式雙面膠帶）和小型剪刀，是剪貼資料時的大功臣。立可帶型的雙面膠不會弄髒手，小型剪刀可以放進鉛筆盒，方便攜帶。只要有這兩樣法寶，即使出門在外也能輕鬆將資料剪下，貼到筆記本上。

筆記本收在收納盒裡，一眼便能辨識出筆記本上記載的內容。

POINT

事先統一彙整資訊，更能靈活運用！

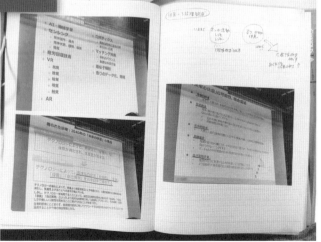

⌕ 054 | 標籤上加插圖更好找

▶ 相同外觀的盒子排排站成一列，也能瞬間找到它

　　備用品（文具和掃除用具等）種類繁多，所以我們從未認真整理過備用品補充區。一直都是將裝文具和備用品的盒子或紙箱，原原本本當成收納盒使用，所以尺寸大小皆不同，不只看起來凌亂，也完全不知道什麼東西收在哪裡。

　　但是，自從將備用品拿出紙箱，依照大小區分，將小的物品統一收進「透明抽屜收納盒」，大的物品收進「深藍色檔案盒」後，外觀看起來變得清爽許多。

　　此外，我還在標籤上加插圖，讓大家能更清楚知道內容物是什麼。所以，即使相同造型的盒子並排排列，只要瞥一眼就能馬上找到自己需要的東西，超級方便。

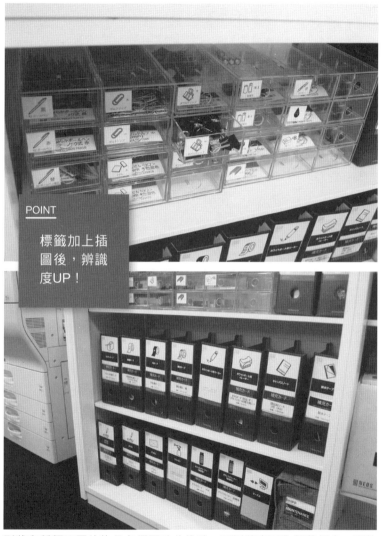

形狀和種類不同的物品必須同時收納時，可以將東西全部藏起來。即使是麥克筆和打掃用的清潔劑噴霧並排收納也不突兀，看起來非常整齊。

🔍 055 | 善用隨身包，
提前完成整理與收納

▶ 查看隨身包，就能了解工作進度

我把 mo・baco（在公司裡活動時使用的隨身包）當作管理文件的主要工具。

① 進行中的工作（文件）放進貼上標籤的 U 型資料夾後，收進包包裡。

② 每天早上確認包包內的東西，將 U 型資料夾收納的文件量，縮減為可以收進包包內的量。（整理後決定文件要保留或是丟棄。）

③ 完成的工作（文件）放進檔案盒內。

透過這三個步驟，更能突顯出包包裡有哪些「現在負責的工作」，而且資料能常保更新過的狀態，也全都彙整在一起，所以能夠大幅縮短尋找文件或資料的時間。此外，每天早上檢視隨身包時，也能確認交期和工作進度，避免延誤或遺漏工作。

整理 mo・baco 內的文件，同時也能連結至管理工作的整體狀況。

POINT

隨身包mo・baco
裡彙整了所有工
作內容。

專案結束後，想要開始整理文件時，我經常會因為資料量過於龐大，難
以取捨要留下來的資料，最後都先保留下來，結果資料量反而增加了。
因此，注意時常管理隨身包內的文件，就顯得極為重要。

056 把衣架變成一道彩虹

▶ **方法簡單且用途很有彈性,所以能夠持續執行**

每到秋冬季節,公司的共用衣櫃就會出現顏色相似的大衣和外套。由於男性的衣物通常以深藍色或黑色為主,款式簡單,且多數設計都非常相似,讓人無法一眼輕易辨識出自己的外套掛在哪裡。

因此,我開始思考是否有簡單的區分辦法,最後誕生出「彩虹衣架收納法」。要做的事情只有一件:在所有衣架的上半部捲上紙膠帶,依照顏色或是不同捲法當作判斷標記即可。

如果單純只決定哪個衣架是屬於誰的,反而會造成衣架失蹤或是被別人拿走的麻煩狀況。但是運用彩虹色衣架收納法,早上到公司可以選擇喜歡的顏色,也只需要大致記得自己選擇的顏色,不會有太多負擔,還能縮減找外套時浪費的時間。

以前，要在充滿類似款式的
外套或大衣的衣櫃中找到自
己的衣服，真的非常費力。

POINT

在衣架上半部貼
紙膠帶作標記！

即使記憶有些模糊不清，想著「沒記錯的話，今天應該
是紅色的衣架吧」，大致上記得衣架的顏色，就能馬上
找到自己的外套。

🔍 057 | 根據物品重量進行收納

▶ 依照自己認定的「輕重」大略分類

我都是依照重量收納家中文具。以前，我是將所有文具收進同一個盒子裡，但每次拿東西時，都會碰到文具的尖銳部份，或是膠帶的切割處，總是會擔心著「哪一天可能會受傷……」。

思考過後，我發現讓文具收納盒危機重重的原因，可能是「輕巧但體積大的東西」（好黏便利立可帶、膠帶類）和「有重量的東西」（大型剪刀、螺絲起子、釘書機等等）全部都混在一起收納。

重的東西會沉在盒子下方，要取出時，周遭輕巧的文具會像雪山崩塌般落下成為路障，導致過程艱辛，讓人產生可能會受傷的想法。不過，自從我依照重量將文具分成兩類收納後，再也不需要擔心會不小心受傷，也能輕鬆找到需要的文具。

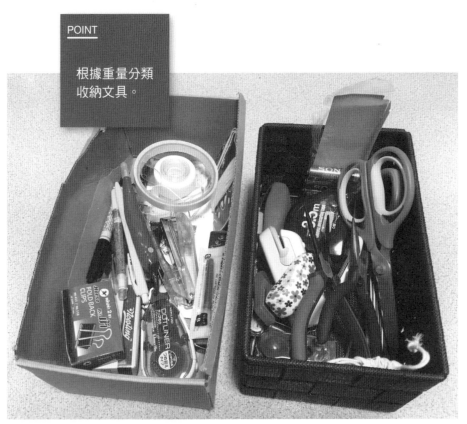

POINT

根據重量分類
收納文具。

左邊是輕的文具（雙面膠、便條紙、好黏便利立可帶和迴紋針等）。
右邊是重的文具（剪刀、螺絲起子、電池、無針釘書機釘等）
依照直覺區分「輕重」，所以能輕易找到需要的物品，歸位時也非常輕
鬆。

℺058 | 利用四分類法，
常保桌面整潔

▶ 用輕鬆的收納方法，達成隨時整理的效果

我很推薦大家能在職場上執行「Clear Desk」政策，也就是指「桌面隨時保持乾淨整齊」的意思。

我手邊有許多不可外流的機密資料，因此我藉由經常整理文件，避免重要的資料遺漏在某處或是不小心弄丟。我的做法是不要統一一次整理，而是運用簡單的收納方法，平常就養成謹慎整理資料的好習慣。

具體的做法是，把資料分成下列四大類：

① 未分類（直接塞進資料夾內）。

② 進行中的個別專案（放進彈簧夾）

③ 進行中的大型任務的統整資料（收進活頁夾）。

④ 要保存的大型任務的統整資料（收進檔案夾）。

POINT

將資料根據四大
類別作區分。

在檔案夾的書背貼上寫上標題的便利貼，而彈簧夾的
書背則是用擦擦筆書寫，日後還能再次使用。

左側開始依序為檔案夾、活頁夾、資料夾和彈簧夾。

059 | 日期用鉛筆寫，標題用原子筆寫

▶ 丟棄資料時，只要更新索引標籤的日期

我希望能輕鬆地丟棄資料，所以不使用迴紋針等工具固定文件，而是使用不需要釘書針的「無針釘書機」彙整紙張，再依照時間序列收納於 U 型資料夾內。

我會用鉛筆在資料夾的索引標籤上寫下日期，再用擦不掉墨水的筆注明標題（客戶或專案名稱等）。丟棄舊文件時，只要擦掉原先在資料夾上以鉛筆寫下的日期，重新標明新日期即可。

舉例來說，標題為「A 公司　2016.5 ～」的專案資料整理過後，改成收納 2017 年 10 月以後的資料時，就把標題更改成「A 公司　2017.10 ～」。如此一來，翻閱時就能知道資料夾裡裝著哪個時期的文件。

我目前使用的 U 型資料夾有固定的收納量，厚度也有限制，因此當我發現文件放不下時，就是整理的時候！

POINT

為了能夠更新
日期，選擇以
鉛筆書寫。

三邊封口的U型資料夾（NEOS系列）有收納
量限制，我非常喜歡。文件數量愈少，找起
來愈方便，工作也愈順手。我再也不想回到
資料夾爆滿，文件量不斷堆積的日子。

我不會訂定整理資料的頻率，而是發現文件放不進資料夾時才
開始整理，丟棄不需要的資料。

℺ 060 | 用貼紙顏色辨別客戶資料

▶ 不需要注明客戶名稱，也能馬上找到文件

客戶會來辦公室參觀我們工作時的樣子（Live Office），我們無法直接在收納櫃上標示客戶名稱。所以，我使用有顏色的貼紙作為搜尋時的索引，如此一來，即使不標明客戶名稱也能找到文件。大客戶使用彩色圓形貼紙，A 公司用藍色貼紙、B 公司用綠色貼紙、C 公司則是紅色貼紙。

至於其他客戶的資料，則是收在文件收納盒裡，外頭貼上標有數字（如 1、2、3）的四角型彩色貼紙，再根據五十音排列收納順序。往後，客戶或是文件量增加時，再加上標有數字 4 貼紙的文件收納盒即可。

嚴格遵守規則，將貼紙貼在檔案盒左
上方。貼紙體積小，所以也不會影響
辦公室的整潔。

POINT

運用貼紙顏色
標示客戶名稱
和種類。

今天先將明天需要使用的文件放進「準備盒」裡（下層左側，使用灰色
的「KaTaSu檔案盒」）。個人文件也使用相對應的彩色貼紙區分，所以
不明確標出客戶名稱，也能輕鬆拿取需要的資料。

Chapter

3

激發動力的 20 招

感受工作的樂趣，生產力 UP ！
打造能激發「動力」的環境。

061 | 善用小巧思，
辦公桌也能展現玩心

▶ 不光是使用上順手，也要看得開心！

　　顏色繽紛的筆是所有工作的必需品。我慣用的筆架，
是用多餘的樣品和廢材組合製成的，雖然只是將平常經常
使用到的東西擺放得更加方便拿取，但大家都說看起來很
像裝飾過的生活雜貨店風格。

　　我把一般的透明圖釘插在牆壁上當做眼鏡架，不多
花費工夫就能輕鬆收納。父親節時收到的盆栽和喜歡的模
型，也同樣擺放在以樣品和廢材組合自製的陳列架上當裝
飾。

　　凌亂的辦公桌上即使擺了模型也不美觀，所以必須經
常整理，維持乾淨整齊的環境。

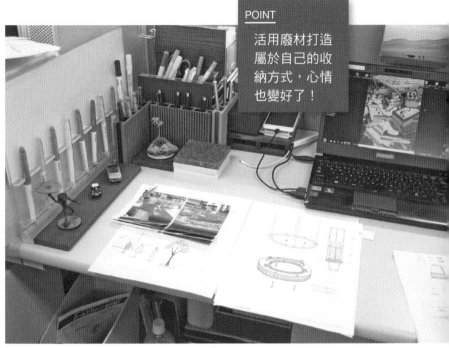

POINT

活用廢材打造
屬於自己的收
納方式，心情
也變好了！

常用物品放在好拿取的地方，筆的排列順序也經過精心設計。

畫作旁插上圖釘當作眼鏡架。

電話下方鋪著能紓緩眼睛疲勞
的淺綠色草皮（地板材料的樣
品），「應該」就能以平靜的心
情接聽電話。

062 | 待辦事項清單要「讓別人看見」

▶ 經常看見待辦事項清單，就能提升工作幹勁！

我不想遺漏必須完成的工作，所以待辦事項清單（To Do list）是我打從進公司以來不可或缺的必需品。

但是，我不是很喜歡把清單便條紙四處貼在辦公桌或是電腦上，讓環境亂成一團的感覺。因此，有段時間我習慣將便條紙貼在記事本內（偷偷看），但是每次查看清單，都得特地打開記事本，實在非常麻煩……所以我又放棄了這個做法。

某天，我得知有便利貼專用的立牌「Kaunet 便利貼立牌（附便利貼放置架）」後，便開始使用。有了固定黏貼便利貼的地方，再也沒有亂糟糟的煩悶感。而且這個立牌運用的是直立的收納空間，不需要占用太多辦公桌空間，我非常滿意。

POINT

「目標0張便利
貼！」是工作
的動力來源。

便利貼不再鬧失蹤，也會突顯自己的存在感，確實展現出防止遺漏事項
的功能。

063 │ 打造近在眼前的暫放空間

▶ 給自己壓力，也讓同事監督自己

我會將無法馬上處理，但卻必須處理的文件（請款單等）先收進資料夾內，暫時放在團隊的共用文件托盤裡。

這個托盤原本是用來放團隊成員已經處理完的會計憑證，但我會刻意將尚未處理的憑證也放進去。對我來說，這個托盤是「暫放空間」。托盤剛好擺成橫的，經常會進入我的視線範圍。因此，當托盤內一出現資料夾，就會發揮「對了，不處理不行！」的警惕作用，也能給自己壓力。

接近月底時，團隊成員們也會提醒我「裡面還有文件喔，沒關係嗎？」這樣做能方便周遭同事督促自己，便不再會錯過交期。

> POINT
>
> 尚未處理的資料暫時放在托盤裡。

暫放用的托盤和辦公桌平行，也剛好和視線高度相同，每天都會進入視線範圍內。

☝ 064 | 只讓喜歡的東西進入視線範圍內

▶ **被喜愛的事物包圍，就能以愉快的心情面對工作**

　　家中的辦公空間，我只擺放自己喜歡的物品。辦公桌面向牆壁收納櫃（書櫃），工作時，每當視線離開電腦螢幕，印入眼簾的就是裝飾在牆面上的攝影機和模型，心情很舒暢，也能提高工作動力。裝飾品中也有我自己開發的椅子的模型。

　　以前，我都是把筆記型電腦架在餐桌上直接工作。但是，長時間使用餐桌和餐桌椅工作後，脖子和腰都出現不適和疼痛感……。移動辦公空間時，我也順勢更換成辦公椅和桌上型電腦，現在已經完全從疼痛中解放。

POINT

我希望能以愉快
的心情工作，所
以只擺放喜愛的
東西。

面向書櫃工作，拿東西也很方便。讓我從腰痛中解放的椅子也是自己設
計的產品。

065 根據風水選擇資料夾的顏色

▶ **和金錢相關的資料，使用黃色或橘色資料夾收納**

基本上，我平常都是使用透明（無色）的資料夾。但是，請款單等和金錢相關的資料，或是和成本有關的文件，則會使用黃色或橘色的資料夾，因為在風水學上，黃色能提升財運。

雖然我不知道這樣做是否真的有提升運勢的效果，但懷著「希望金錢相關的一切事物都能順順利利」「希望專案能成功順利」的心意工作，感覺一切都能順利進行。

另一個原因是，許多重要的文件都與金錢相關，顏色醒目就不會再發生找不到資料夾的狀況，對工作的進行也有所助益。即使在一大疊資料裡，也能一眼辨識出要找的資料夾在哪裡。

即便排列著許多專案件的資料夾，黃色也非常醒目。

POINT

黃色資料夾就是和金錢相關的文件！

雖然有分量的專案不少，卻能一眼辨識出黃色的資料夾。

🧍066 │ 不要一物多用，避免分心

▶ 多功能的工具，不一定最好

不必要持有的物品，我會盡量不要放在身邊。以前，我有自己的釘書機，現在則是使用共用的釘書機。最近甚至開始思考，橡皮擦是不是也可以使用共用的橡皮擦。

雖然我盡力減少持有物直到極致，仍然有不可缺少的東西，其中一項就是計時器。

當我想提高工作效率時，會將時間區分為「15 分鐘」一個時段。但是，如果用智慧型手機計時，每次確認計時器畫面時，都會注意到「啊，有人傳訊息來」，偶爾一不留神甚至會滑起手機瀏覽線上新聞……。因此，我無法將手機當做計時器使用，靜音、有震動功能的計時器才是最佳選擇。

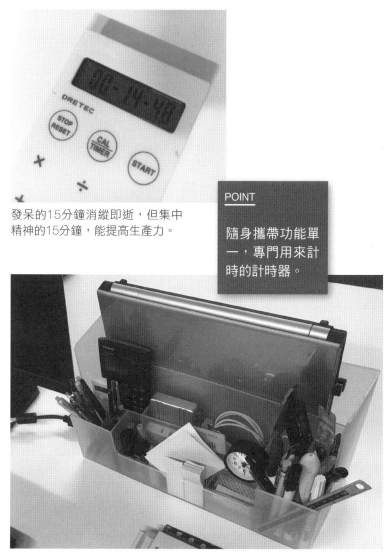

發呆的15分鐘消縱即逝,但集中
精神的15分鐘,能提高生產力。

辦公室採用無固定座位制,所以,我習慣把文具全部統一收在直立式收
納盒內,只要放在當天的辦公桌上,馬上就可以開始工作。

🙆‍♂️ 067 ｜打造一個「暫放空間」

▶ 在工作流程的終點前，打造暫放的空間

雖然我知道如果能隨時俐落敏捷地做好整理，房間內保持乾淨整齊，心情會很清爽。但是，不管是誰都會有忙到無法騰出時間整理的時候。面對這種狀況，就得活用暫放空間。

面對容易變得散亂不堪的文件，必須事先在最後的收納地點附近設置暫放空間。無法挪出整理時間時，可以先將文件放在這裡。如此一來，文件就不會流浪他方鬧失蹤，也不會破壞房間的整潔。

當暫放空間的資料開始漸漸堆積，「要趕快整理才行！」的意願也會油然而生，再也不會發生忘記處理的情況。

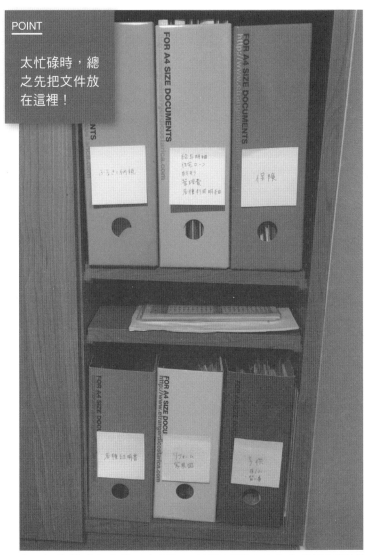

使用標籤機或印表機列印標題，再貼到檔案盒上的做法困難重重……難以持續下去，所以我選擇用便利貼手寫標題。

068 一天結束時，
回歸到淨空的狀態

▶ 工作的終點＝桌面空無一物

我有固定的辦公座位，所以一不留神就會讓資料和文具散亂四處。為了避免這種狀況，我訂下規則並嚴格遵守，下班回家時讓桌面回歸到空無一物的狀態。

秉持著要淨空的意識，我從平日就開始漸漸養成不堆積、馬上丟棄的好習慣。桌面上的儲物櫃也有收納量的限制，所以我變得非常積極整理儲物櫃內的東西。

另外，這種收納術讓我最滿意的是，一天結束後看著空無一物乾淨的桌面心情很愉悅，能夠清楚劃分 ON 和 OFF 的狀態。這瞬間的好心情，也是我努力完成工作的原動力之一。

收拾完所有東西，乾淨
又整齊的桌面。
每天重複「一邊整理，
一 邊 處 理 不 需 要 的 東
西」的流程，所以東西
不會增加。

069 | 分配放置資料的位置 再開始工作

▶ 將工作的性質視覺化，作業過程會更順暢

　　我有固定的辦公座位，但是下班時會將所有資料收拾乾淨，讓桌面回歸空無一物的狀態。隔天要處理的工作資料，則是夾在筆記本內，避免遺漏。

　　隔天，開始工作前，我會先分配好放置資料的位置。我有一套獨門的配置規則：筆電的左邊放「接下來馬上會用到的資料」，再左邊則是放「之後（今天之內）要進行的資料」。筆電的右邊放的是必須抓準時機呈交給主管的資料，或是安排好要影印的文件等。

　　事先配置好資料的擺放位置，就不會搞不清楚狀況，混淆了要給主管的資料是哪些。我訂定的原則雖然簡單，但「資料的擺放位置」和「待辦事項」明確清晰，所以能夠達到高效率完成工作的效果。

筆電的左側放接下來要使用的資料。

POINT

開始工作前，先分配放置資料的位置。

筆電的右側放置要呈交給主管的文件等。

👤070 | 根據工作急迫性選擇提醒工具

▶ 緊急事項使用紙本便利貼，此外則用程式提醒

　　緊急的工作，或是今天之內必須完成的業務，記錄在紙本便利貼後，貼在電腦或是筆記本上。我使用的是整面都有黏膠的「DOTLINER 整張可黏便利貼」，不必擔心便利貼飄來飄去，或是因為拉扯而剝落，而且很好撕除，我非常喜歡。

　　若是不太緊急的工作，我會使用顯示在電腦桌面的提醒程式。通常，我都是在下班前記錄待辦事項，寫下隔天或是近幾日必須完成的工作。此外，我也會將經常使用的資訊（當月的活動商品等）記錄在程式裡。

　　以前，我都是把資訊寫在筆記本上，但是特地打開筆記本又很麻煩……。所以現在，大部分事務工作，我都是使用電腦完成。可以顯示在桌面上，又可以刪除的提醒程式真的非常方便。

緊急或是重要的事項要貼在視線範圍內，突顯存在感。

顯示在桌面上的提醒程式一完成就關閉（刪除），不會產生實體垃圾，很方便。

071 只在桌面兩端放置收納盒

▶ 我的工作動力：清空左邊的收納盒！

　　我在家中桌面上擺了兩個收納盒，左側是「未處理的收納盒」，右側則是「已處理的收納盒」。

　　家庭生活中也會有瑣碎的文件需要處理，有時候為了「要記得，不要忘記處理！」而放在容易進入視線範圍內的餐桌上，結果反而被其他東西吸引目光，或是記不清楚哪份文件已經處理完。

　　使用這種收納方法，即可單純將文件分成兩種狀態，不僅未處理的部分會確實處理，也可一眼看出尚未處理的文件確實在減少，激發「來處理吧」的動力。而且，每週只要統一整理一次裝在「已處理的收納盒」內的東西，丟棄不需要的東西，將需要保存的文件收入收納櫃即可。

POINT

設置「未處理」
和「已處理」兩
種收納盒。

書桌上盡量不要擺放多餘的東西，
維持可以馬上開始工作的狀態。

072 | 注意縱向收納空間

▶ 打造整齊空間的訣竅，在於直立式收納

　　一天中，有大半時間都在辦公桌度過，我認為打造出能夠保持好心情的工作環境，是不可或缺的一件事。

　　舉例來說，工作時看見凌亂不堪的辦公桌心情會變得鬱悶、失去幹勁，所以我經常注意辦公桌上的收納空間是「縱向」還是「橫向」。

　　資料和檔案盒理所當然要直立式收納，黏貼筆記和寫待辦清單便條時，我也會特別注意要「直立式」黏貼。隨意將小型文具、印章和計算機等體積小巧的用品散亂在桌面，是導致辦公桌變亂的原因，所以我在桌面上放了四方形的辦公桌收納櫃，將文具收在裡面。

POINT

在擺放整齊的空間保持好心情工作。

即使只是隨意放下筆記本，也會不自覺直立擺放。只要下意識注意收納空間是縱向或橫向，四角型的東西自然也會慢慢增加。桌上型風扇也是四角型。

🏃073 ┃ 利用檔案盒管理工作優先順序

▶將檔案盒內資料的優先順序視覺化

　　我在辦公桌中間附近的電腦旁邊，放了直立式的檔案盒。這款檔案盒中央有間隔，將收納空間分成左右兩邊。我在隔板左側放「第一優先」（緊急且必須處理的文件），右側放「第二順位」（接下來必須處理的文件）的資料。

　　如此一來，我就可以看見已經完成的工作量，像是「左邊的文件慢慢在減少，今天蠻順利的」或是「右邊的資料增加太多了，不趕快處理不行！」，所以也能激發工作幹勁。

　　此外，這種分類方法不需要多加思考，只要憑感覺將資料分別丟進左右兩側，所以運作起來完全不會感覺到負擔。

POINT
左側是第一優先，完成後接著處理右側的文件。

KaTaSu系列的檔案盒附有手把，方便攜帶，有時候我也會把它拿到其他地方集中處理。

檔案盒的顏色我選了幸運色綠色。

074 使用有佛像圖案的資料夾

▶ 工作上能幫大忙的資料夾

工作上我經常需要請主管和同事協助，檢查資料或在文件上用印。呈交時，我都會將資料放進資料夾，將委託內容寫在便利貼後署名，再貼在資料夾上。委託內容大致上相同，所以我會事先準備五、六個資料夾輪流使用，並貼上寫著「麻煩用印。矢部」的便條紙。

最近，我最常使用的是「說話佛像」系列的資料夾。總覺得裝在這個資料夾的文件，好像比較快回到自己手上。拿到資料夾的人放在桌上，無法忽視它的存在感，或許會讓人感到一股沉默的壓力。對於做事速度較慢的同事，有時我會選擇使用臉部猙獰的佛像圖案的資料夾。

選擇對話框造型
的便利貼，讓佛
像看起來像是在
對自己說話。

POINT

讓佛像幫忙「開
口」委託他人。

👤075 │ 打掃用具也要選用「流行款」

▶ 色彩繽紛的附蓋水桶裡裝著什麼呢？

根據公司規定，全體員工每週要一起打掃十分鐘。每一個人都必須中斷工作，起身將周遭環境打掃乾淨。

但是，如果讓大家各自依照喜好打掃，打掃乾淨的就只有視線所及的範圍，結果乾淨的地方永遠很整潔，沒有人發現的地方長年都灰塵密布。為了避免這種狀況，我們會分配給每個人打掃內容以及負責區域。

為了提升大家打掃時的幹勁，我們選用流行款的水桶造型收納箱。裡面裝著普通的清潔用具，但是顏色繽紛，完全看不出來是用來「打掃」的工具。雖然每個人的水桶都是並排擺在辦公室的個人置物櫃上方，但因為色調沈穩，即使客人來訪也不會察覺是打掃用的水桶。

POINT

造型好看的水桶，打掃起來心情愉悅！

覺得「好麻煩喔⋯⋯」的時候，用繽紛的色彩和設計「擦掉」壞心情。
不想再用回隨處可見的藍色塑膠水桶。

裡面收納著一般的打掃用具。

076 資料夾的設計也要趕流行

▶ 自用的資料夾，標籤可以設計成喜歡的樣式

我希望個人使用的大型資料夾能增添設計感，所以把標籤換成比較時髦的設計。

說得極端一些，資料夾裡面放什麼，只要自己知道就好，所以我比較重視設計感，即使標籤上的文字不好讀懂也無所謂。因為自用的資料夾會放在辦公桌上，時常映入眼簾，所以我很注重外觀和設計。

反之，部門共用的資料或雜誌要歸檔時，我會特別留意標籤文字的「大小」和「粗細」以及「設計簡單」。

區分年度的資料，我會在上面注記年份，「不可外流」的文件，我也會把文字改成醒目的顏色，加強易讀性等。讓每個人一看到就能馬上知道內容，以增加識別性為最優先要務。

POINT

依照喜好加上標籤。

自用的資料夾，比起標題好不好讀，我更重視設計感。

共用的資料夾，標題要以識別性為優先，用大且粗的文字標示。

👤077 │ 打造提升運氣的個人空間

▶ 正向的氛圍可以提升工作效率

我辦公桌上的某個角落，放著許多乍看之下和工作毫無關係的東西：四個復古藥瓶裡裝著迴紋針；紙膠帶是因為我想要依照心情使用，所以選擇四種不同風格的圖案並排；顏色鮮豔的藍色小碟子裡，放了幾張擦拭螢幕和桌面髒污的除塵布；御守鹽（編注：開運、淨化磁場用的鹽）和開運小物如招財貓或大象擺飾等，則是提升工作士氣的重要單品。

雖然有些人認為，不要放任何多餘的東西在桌上，工作時比較能集中精神。但是，對我來說，在身邊放些喜歡的東西，可以提振士氣，以積極正面的心情面對工作，反而能夠提高工作效率。

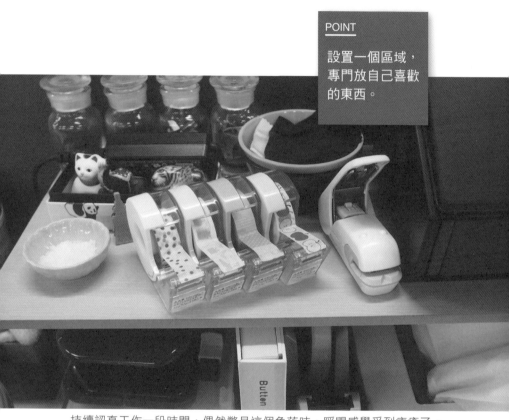

POINT

設置一個區域，
專門放自己喜歡
的東西。

持續認真工作一段時間，偶然瞥見這個角落時，瞬間感覺受到療癒了。
同事們也會注意這個區域空間，所以我會定期更換鹽，保持清潔。

078 整理要在早上剛進公司的時候做

▶ 早上思緒較清晰，能夠更有效率地整理收納

　　整理和收拾這類的工作不應該晚上（下班前）執行，而是要在早上（上班後）執行，而且這個規則不限於紙本文件，也能套用在整理電子郵件和電腦檔案上。

　　以前，我大多是當天工作結束後，回家前才做整理，但是頂著疲憊的頭腦反而花費更多時間，缺乏效率。因此，我毅然決然改成早上再整理。我也習慣一到公司就整理當天的待辦事項清單，所以我會利用這段時間，順便整理前一天的工作內容。

　　同時整理前天的工作內容以及準備當天的工作，就不再會忘記待辦事項，也能輕鬆判斷和取捨資料文件的去留。對我來說，早上頭腦思緒清晰，比較不容易出錯，花費時間縮短，更有效率。

一大早從檔案盒開始，把昨天尚未整理直接塞進去的文件全部拿出來。

POINT

整理要在早上做！頭腦清晰，整理起來更有效率！

打開行事曆和待辦清單（Google日曆和Google Keep），一邊確認今天必須完成的工作，一邊整理文件。

☝079 | 文件整理在一本檔案夾內

▶ 將文件統整在一本檔案夾內，展示工作成就

背幅伸縮檔案夾可以根據文件數量調整厚度，調整的範圍小至一公釐大至十公分。

舉例來說，彙整各部門的目標訂定事業計畫時，一開始文件大約有十張左右，然而隨著每次的討論和會議，資料也會隨之增加，到了年底資料的厚度大約會達到最大收納量十公分左右。

把資料彙整在同一本檔案夾的優點在於，可以依照時間順序瀏覽討論的論點和問題。另外，討論的過程中，檔案夾漸漸變厚實的感覺，也會帶來一股成就感。

工作結束後，我會將檔案夾內的文件全部丟棄。代表著要開始著手進行新工作的儀式，同時也能帶著昂揚的鬥志切換心情。

剛開始很單薄。

時間久了，厚度也
漸漸增加。

POINT

全部彙整在一本
檔案夾裡。

這是我們公司裡將背幅伸縮檔案夾使用得淋漓盡
致的代表。我也是這種檔案夾的重度使用者，還
因此接受商品開發部負責人的採訪，協助調查實
際使用狀況。

080 | 辦公室和家裡使用同款文具

▶ 為了減少持有物品,每樣東西都準備兩個

　　我經常在家裡工作,以前除了筆電之外,滑鼠、電線變壓器等附屬配件,以及收納盒、原子筆和剪刀等工作上會使用到的文具,我會全部放在一個大鉛筆盒裡,收進公事包內隨身攜帶。

　　但是,自從沉重的公事包造成腰痛的那一天,我開始思考要減少包包內的東西。於是,我靈機一動想到,準備兩套工作時使用的工具,公司和家中各放一套不就好了嗎!

　　在這之後,我所有的文具幾乎都是相同款式,只有顏色不同。當然,我也多買了一組滑鼠和變壓器,隨身只攜帶筆電和一本筆記本,非常輕便,腰痛也因此舒緩不少。

　　最近,我也將公事包換成較輕薄的材質款式,減輕疲憊感,通勤時舒適又輕鬆。

公司辦公桌。除了電腦以外，其他的東西全部放公司。

POINT

公司和家裡使用款式相同的東西。

家中辦公桌。文具款式幾乎相同，只有顏色不同。

Chapter

提高工作自由度的20招

找到屬於自己的「輕鬆工作法」那瞬間，
工作起來比以往愉快許多！

🏃‍♂️ 081 │ 使用可橫放的長型筆筒

▶ 長度和輕薄度都可圈可點

我使用的是寬 60 公分，深 6 公分的長型筆筒。它有一定程度的收納量，還有深度不會過深的特色。我選擇這款長型筆筒是因為，校對印刷品等許多工作，都需要將紙張攤開，桌面必須保有寬敞的空間。

這款筆筒的隔板可以隨意移動，所以從細長的原子筆到有點寬度的計算機等，各式各樣不同尺寸的東西，都可以塞得進去，讓我非常滿意。

雖然筆筒的寬度有 60 公分，但多虧它的材質輕薄，即使放在辦公桌上也不會有任何壓迫感。在手邊放 A4 尺寸的文件和型錄完全沒問題，校對工作的效率也提升許多。

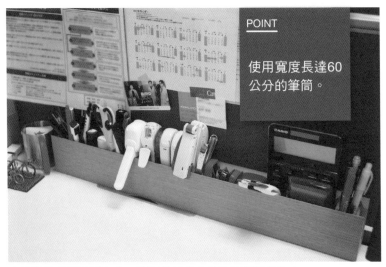

收納量比外表看起來大，所以常用的文具全部都能放進去。

確保寬闊的桌面空間，可以一邊看目錄一邊使用電腦工作。

082 | 用白板寫下講電話時的筆記

▶ 白板筆可以流暢書寫，最適合用來邊聽邊抄筆記

我有固定的辦公座位，所以有人來電時，需要幫忙傳話給負責人。來電者要找的對象不在，就必須詢問對方的姓名和洽詢事項，作些簡單的筆記。所以，我在電話旁放了一個 A5 大小的白板，方便抄寫筆記。

以前，我常碰到手邊沒有紙，或是草草抄下筆記之後，還要重新謄寫清楚的狀況。如此一來，反而多用了一張紙，非常浪費。

但是，如果使用白板，即使通話當下無法抓到對方傳達的重點，也能先記在白板上，掛電話後再將重點寫在便條紙上。我使用的是在百元商店買的白板，以及附磁鐵的白板筆。

POINT

把白板放在電話附近！

白板筆上附有板擦。只要有白板，就不需要再準備便條紙，也不用擔心紙張散落各處。

083 | 抽屜不要完全關起來

▶ 把抽屜打開一點點,就能提高工作效率

工作時,我經常讓抽屜保持在微微打開的狀態。因為筆記本和商品型錄等使用頻率高、每天都會用到的東西,我都會放在抽屜前方。如此一來,就算不將抽屜全部拉開,也能馬上拿到需要的東西。

說來有些丟臉,其實我有意識到,抽屜經常開著會造成經過的人困擾。但是卻一直改不了這個習慣,所以才下定決心,至少要縮小抽屜打開的寬度。

雖然抽屜開啟的寬度變窄,但仍然維持打開著的狀態,對我來說既提升了工作效率,也很方便。

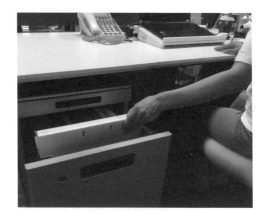

POINT

以方便拿取為優
先考量，所以故
意打開不關緊！

我在抽屜內放了三個直向檔案盒，一個橫向檔案盒。只有
最前面的檔案盒擺成橫向，所以不把抽屜拉開到底，也能
知道東西放在哪裡。

084 | 多準備一個垃圾桶

▶ 選用薄型垃圾桶，不管放幾個都不占位置

　　我在辦公桌附近放了兩個垃圾桶。

　　一個是紙類垃圾用，主要是丟文件資料。但是，為了以防萬一，我有設定一段猶豫期，讓文件在垃圾桶裡躺一週左右再拿去丟。避免發生「啊、果然還是要用到，死定了！」的狀況。另一個垃圾桶放的是一般的可燃垃圾，例如糖果包裝紙和衛生紙等。

　　我會多準備一個垃圾桶，是因為不喜歡站在公用垃圾桶前，花時間慢慢分類。大家會在打掃時間時，站在公用垃圾桶前排隊分類丟垃圾，但是，某天我突然發現排隊和分類非常浪費時間，所以改成丟垃圾的當下直接分類。現在我使用的垃圾桶是公司的商品，設計精簡又不占空間。

POINT

我有兩個自己專
用的垃圾桶！

用磁鐵把垃圾桶吸在抽屜前面和側邊。垃圾桶可以放進A4大小的紙張，
所以不需要凹折文件，直接丟進去。

085 | 做到一半的工作 直接收進置物櫃

▶ 看似粗魯隨便，但方便接續未完成的工作

辦公室採無固定座位制，因此我都是將資料和電腦塞進個人置物櫃後直接回家。

我的孩子讀的托兒所有限制接送時間，每到下班時間我總是手忙腳亂。我通常會工作到超過下班時間後的幾分鐘，所以只能一邊關機一邊整理桌面。有時候，沒等到電腦電源完全關閉，還是半開的狀態，我就會小跑步到個人置物櫃前。

直到回家的前一刻，我都是攤開著資料工作，所以並沒有多餘的時間整理做到一半的事項，也沒有時間收拾應該移到檔案盒內收納的文件（處理完的資料）。

簡單來說，我都是咻地將東西全部塞進置物櫃上層，用來收納電腦的空間。即使是做到一半的工作，我也會連同資料夾一起塞進置物櫃中，所以隔天一到公司就能馬上接著處理。

我不確定隔天早上能否提早抵達公司。為了避免忘記準備隔天一早要用到的資料，或是必須呈交的文件，我會將文件夾進電腦後才回家。

POINT

總之就是塞進置物櫃裡！

旁人來看或許會覺得我手忙腳亂，但是我反而覺得能夠馬上接續前一天的工作內容是個優點。

086 在文具底下鋪上止滑墊

▶ 文具位置不會移動，更方便拿取

我在辦公桌最上層的抽屜底部鋪了止滑墊，裡面收納了文具和名片等物品。

止滑墊是百元商店販售的普通商品，鋪上之後，抽屜裡的物品不會再移動，更方便拿取東西。（以前每次打開抽屜時，東西都會四處移動亂成一團，超級討厭。）

不用使用收納小型文具的托盤，只要打開抽屜，馬上就能拿到自己想要的東西，工作效率也隨著提高。

擺放文具的要訣在於，能夠直立的文具盡量直立擺放。而且，不要讓文具重疊堆放，直接擺在止滑墊上，就能清楚看見每一樣東西。

POINT

只要一張止滑墊，就能讓文具不動如山。

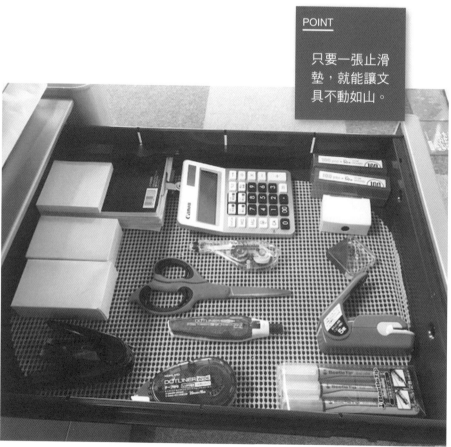

不只文具方便拿取，使用後放回抽屜時也很簡單不費力！

087 | 資料、目錄和收納櫃 都放在左側

▶ 確保拿取物品的動線，不讓作業中止

桌面上的資料、目錄、收納櫃和抽屜，盡量都放在自己的左側。我是左撇子，較常使用右手操作電腦、拿筆書寫，因此如果以動線規劃上來看，用空的左手拿取資料或目錄較為順手。

工作上，不論是公司內部或是外部，許多人都會來信諮詢。為了能立刻回答對方，我會將兩年份的商品目錄和新商品的手冊放在身邊。

如果是即將發表的新商品相關文件等，我則會放在抽屜內側，避免經過座位附近的人看見內容。

POINT

一邊用右手作業，一邊用左手拿資料。

我有固定的辦公座位，所以經常研究什麼樣的擺放方式，工作起來最順手。

𐀀088 | 在檔案夾封面上加上白板

▶讓文具擁有多種功能

　　我在紙製的檔案夾封面上，貼了比檔案夾尺寸稍小的壓克力板，當作簡易白板使用。檔案夾封面和壓克力板中間可以夾文件，文件的白色背面會穿透壓克力板，寫在板子上的文字反而能看得更清楚。

　　我還在檔案夾封面的背面做了放白板筆和備用名片的空間，筆插是用橡皮擦製作而成，依照筆的粗細，在橡皮擦上鑽洞後，再貼在檔案夾上。

　　雖然這只是個簡易白板，但不只可以做簡單的筆記，開會時也可以迅速畫出簡單的構圖讓對方參考，非常方便。

　　而且，這樣做就不需要額外隨身攜帶白板，還能和別人分享自己的手作文具，讓對方發出「喔～！」的驚嘆聲，增添幾分樂趣。

關鍵是選用較厚又堅固的紙製檔案夾，也可以用來寫備忘錄或待辦事項清單。

POINT

想要的商品，
就自己做！

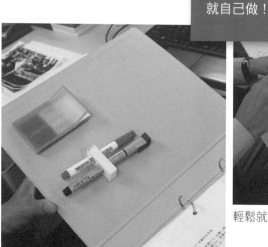

輕鬆就能將內容擦掉！

可以收納兩種顏色的白板筆。名片收納盒附有蓋子，所以即使橫著拿資料夾帶著走，裡面的名片也不會滑落出來。

089 | 將便利貼立牌
當作眼鏡架使用

▶ **決定好固定位置後，使用起來瞬間變方便**

　　我喜歡決定東西的固定位置。下班時，我會把所有東西放回它的固定位置，回復成和上班時一樣的狀態。

　　不久之前，我決定將鐵製的便利貼立牌「Kaunet 便利貼立牌（附便利貼放置架）」拿來收納看電腦時戴的眼鏡。

　　雖然我原本就是把眼鏡放在收納便條紙和便利貼的地方，但沒想到竟然適合到讓人覺得「眼鏡架應該就是這種設計吧？」的程度。我發現有同事看到我的使用方法後，也開始將眼鏡放在便利貼立牌上。

　　以前，我都是將眼鏡收在抽屜，或是隨意放在桌面上，但決定擺放位置後，不僅變得更好用，外觀上也變得整齊俐落，我很滿意。

POINT
自由隨意放上去
後，發現屬於它
的固定位置！

我在便利貼立牌上方貼月曆，擺上喜
歡的雜貨當裝飾，打造療癒小空間。

𝟬𝟵𝟬 | 把放置包包的地方帶著走

▶ 走到哪都隨手放置包包，不需要特別選座位

公司採用無固定座位制，所以我一直很煩惱該把包包收在哪裡。但是，自從使用強力磁鐵掛鉤「超強力掛鉤」後，煩惱便消失了。

以前，我會把包包收在個人置物櫃裡，然而每次需要什麼東西的時候，都得特地走過去拿，非常麻煩。如果放在座位的附近，就只能放在地板上，有時還會不小心踩到或是踢飛，也不太乾淨衛生。

「超強力掛鉤」的承載重量最重能達到十公斤，即使是放著電腦的包包，也能放心掛在上面。除了辦公桌，辦公室的活動櫃和櫃子等，大部分都能吸附磁鐵，所以也不需要擔心不知道要把掛鉤放在哪裡。

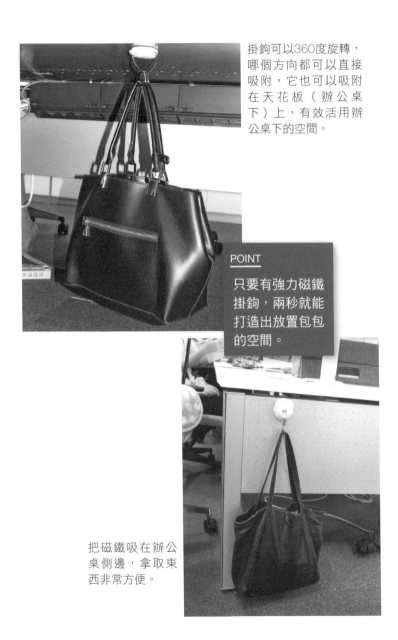

掛鉤可以360度旋轉，哪個方向都可以直接吸附，它也可以吸附在天花板（辦公桌下）上，有效活用辦公桌下的空間。

POINT

只要有強力磁鐵掛鉤，兩秒就能打造出放置包包的空間。

把磁鐵吸在辦公桌側邊，拿取東西非常方便。

091 | 準備可以帶著走的磁鐵白板

▶ 根據使用目的，區分尺寸和形狀！

我根據不同狀況，將薄型磁鐵白板剪成各種尺寸活用。薄型白板薄又輕，還附有磁鐵，所以可以啪地吸附在辦公桌的各種不同物品上。

急迫且必須完成的事項等，我會寫在對話框形狀的白板上後，貼在眼前的保溫瓶上，確保自已一定會看見。而且，記錄待辦事項的薄型白板，也能隨身攜帶。

彙整工作方法或是整理思緒時，也可以使用薄型白板。如果把它當作一般的白板使用，我會將腦海中浮現的內容盡可能全部寫下來（整理構想和思考）。接著，再從寫在薄型白板上的內容中，挑出重要或是需要留存的內容，記錄在筆記本上。

POINT

薄型白板剪成自
己喜歡的尺寸，
隨身攜帶。

利用薄型白板自由發想創意，整理
思緒，彙整後再記錄於筆記本上。

這是當作便利貼使用的薄型白
板。我會把重要事項寫在對話
框形狀的白板上，造型有趣，
看了心情也會變愉悅。

商務討論或開會時，則是使用大
型薄型白板。使用完後，我會將
內容記錄在筆記本內，或是拍照
後再將檔案分享給其他人。

↗ 092 | 在任何地方都能打造 專屬的座位

▶ 無固定座位制也能打造「專屬」座位

我沒有固定的辦公座位,所以一到公司後,必須先打造自己的辦公環境,才能夠開始工作。我的資料、文具、筆電、滑鼠和收納盒等,除了外接硬碟以外,所有工作用的物品,都裝在公司內部移動用的隨身包內。

雖然我是將筆記型電腦放在收納盒的大隔層內,但收納盒側邊有開孔,可以插電線。會這樣收納是因為我不使用筆記型電腦的螢幕,都是外接大型螢幕。對我來說,螢幕畫面大,工作效率會更好。

這些準備作業在電腦開機的這段時間內就能完成,意外地輕鬆簡單。

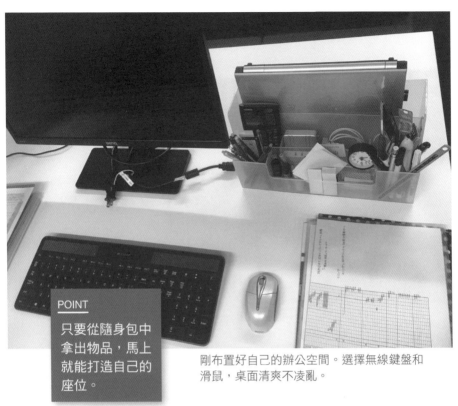

剛布置好自己的辦公空間。選擇無線鍵盤和
滑鼠，桌面清爽不凌亂。

這個包包可以收納所有東西。我使
用的是L尺寸的「Kaunet會議包」。

使用外接螢幕。筆電放在
收納盒內，直接連接傳輸
線使用。

093 | 把電源變壓器藏起來

▶ 排除視線中亂七八糟的地方,打造清新的工作環境

公司採用無固定座位制,所以我每天都是在不同的座位工作。公司有各種不同的座位,但我比較喜歡附有架子、可以在桌面上放鉛筆盒或其他物品的座位,空間較為寬敞。

工作時,我不想在桌面上放不會用到的東西。當桌面變得凌亂,總覺得專注力會受到影響。此外,我也希望桌面能保持清爽,所以會調整電腦變壓電源線的長度,讓它不要進入視線範圍內。許多人都很注重整理和收拾,但是我好像沒有遇過會注意線材的人。

有沒有變壓器的差異非常大。覺得自己的桌面不夠清爽整齊的讀者,我推薦你可以試試看這個方法。

POINT

把亂七八糟的東西全部藏起來！

需要做的事情只有插上電源線時，注意線材的長度而已。
只要做這小小的改變，一整天的工作環境卻能大大地改變。

094 | 抽屜要塞到不能再塞為止

▶ 太早整理，保存的資料反而會增加

新的資料中，尚未決定保存地點的文件，我會塞進辦公桌最上層的抽屜，直到不能再塞為止。抽屜被塞滿後，我才會把資料拿出來確認，將不需要保存的資料丟棄。

雖然我的做法有些粗糙，但是這樣做每個月大約只要花一次時間整理，而且大部分資料都能直接丟棄。

如果在文件產生的當下馬上整理，通常會猶豫不決，導致保存下過多資料。但是，經過一個月左右之後，即可判斷大部分的資料不需要留存，果斷地丟棄。話雖如此，一旦資料囤積過多，反而會讓人不想整理，所以「塞滿一層薄抽屜」這個小動作，可說是最適當的。

POINT

塞滿「一層抽屜的量」之後再開始整理。

這是抽屜還很空的狀態,當裡面塞滿三倍的文件量後,整理作業Start!

🚶095 │ 利用 Google 彙整資訊

▶ 資訊完整時,自己或同事都能有效率地工作

外出和出差等相關資訊,我會全部彙整記載在 Google 行事曆的「新增說明」欄位裡。

製作行事曆時,我會先從郵件或資料裡找出拜訪者的地址、電話號碼、交通路線、時刻表、需要的資料及商品……等相關資訊後,複製貼上在 Google 行事曆上。已經記錄保存的資料,當下可能就會直接丟棄。

做好事前準備後,當天只要有一支智慧型手機,就能依照記下的資料行動。除此之外,還能預防東西忘記帶,讓自己能夠只專注在原本的工作上。回公司後,計算差旅費時也非常簡單。

團隊成員也可以參考 Google 行事曆,所以我不在公司的時候,不管是公司同事或其他客戶有任何問題,我也能應對處理。不只我個人的效率提升,團隊整體的效率也變得比以往還高。

舉例來說，如果我在展場上是負責說明的人，會像這樣將資訊彙整在
Google行事曆上：
日期／住址／當地負責人的電話號碼：從約訪郵件將內容複製貼上。
攤位地點／展示品配置／網站連結：從活動說明中將內容複製貼上。
和同事的集合時間和地點／展示品的寄送方法：會議時記錄在Google
行事曆上。
交通方法：將查詢到的交通轉乘資訊以純文字形式複製貼上。

096 | 使用紅色的鉛筆盒或筆袋

▶ 常用物品，就要醒目到底

我的公事包裡，只會裝當天需要用到的最少物品，如商品目錄、會議上使用的 A4 尺寸文件，以及要交給客戶的宣傳手冊（活動介紹）等。

商務上使用的鉛筆盒，大家通常傾向選擇黑色系或深藍色系，但我的鉛筆盒卻是鮮豔的紅色。這是為了能夠咻一聲地，迅速將鉛筆盒從黑色的公事包取出，才會選擇醒目的顏色。

我使用的是「WITH+ 多用途筆袋」，外側附有口袋，所以只要把經常使用的筆先插在口袋，就能夠在筆袋還放在公事包的狀況下，將筆抽出來使用。我也會將和客戶見面時經常使用到的尺放在外側口袋內。

此外，這款筆袋內也有獨立的口袋，所以可以放備用的名片，真的非常方便。

POINT

需要馬上取出的
鉛筆盒，就該選
擇醒目的顏色。

我的公事包是小巧的款式。資料文件量較
多的時候，只要另外裝在紙袋內即可，所
以基本上我都會選擇尺寸小的包包。

🏃‍♂️097 │ 文件要放在視力範圍之內

▶ **工作上使用的資料,就該放在隨時都會看見的地方**

　　我會依照專案別,將工作上使用的資料裝進資料夾保存。但是,如果直接收進活動櫃的抽屜,可能會不小心忘記這項工作,所以,我通常都是直接將資料堆在辦公桌上,或是用磁鐵固定,讓它們可以時常進入視線範圍內。

　　大約每三個月,我會一邊盤點工作內容,一邊判斷資料要保存或是丟棄銷毀。不過,通常大部分文件都是直接丟棄。

　　此外,因為我的辦公桌很狹窄,讓人容易分心,無法集中精神,所以有時候我會到共用的大會議室桌,將需要的資料攤平作業。工作時,偶爾會需要較寬敞的空間,如果能根據工作性質區分使用方式(自己的座位、辦公桌、公司外辦公),也能提升生產力。

POINT

把重要的東西
放在視線範圍
之內。

我也會在辦公座位以外的地
方工作,所以將文件堆疊在
辦公桌上也無傷大雅。改變
工作地點,除了可以轉換心
情,也能提高效率。

用磁鐵將文件固定
在辦公桌旁邊。

098 自己動手做合適的專屬文具

▶「沒有」的商品，那就自己做！

當我想要某種東西市面上卻沒有賣的時候，就會開始
思考自己動手做一個。最近，我做了桌上型垃圾桶和拆信
刀收納盒。我是先粗略畫出設計圖，再請有雷射切割機的
朋友根據設計稿幫忙製作組裝。

我曾想過如果桌上也能有像辦公室共用的垃圾桶一
樣，可以區分「可燃垃圾」和「不可燃垃圾」的小型垃圾
桶就好了……卻一直找不到適合的商品，所以最後才決定
那就自己做一個。

拆信刀收納盒也是以相同材質製成，利用磁鐵貼在辦
公桌的抽屜側邊，只要伸手就能馬上拿取。所以，原本容
易堆積的信件和廣告傳單，也變得比以前更快拆開翻閱。

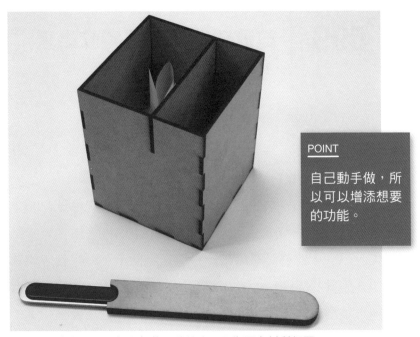

POINT

自己動手做，所以可以增添想要的功能。

自己做的桌上型垃圾桶和拆信刀收納盒。因為兩者材質相同，
所以也曾被同事問過：「這是哪家公司出的系列商品啊？」

用磁鐵啪地貼在抽屜上。
拆信刀本身和收納盒非常
貼合，所以不用擔心刀刃
會不小心飛出來。

𝍏099 │ 放飲料的空間要獨立出來

▶ 不用再擔心飲料被撞倒或打翻

　　我使用的是夾式設計，可以夾在辦公桌上的飲料架。

　　我經常會一邊喝紙杯或是紙盒包裝的飲料，一邊工作。以前，我都是直接把飲料放在桌面上，所以有時候會不小撞倒灑出來。每次我都是想著：「唉……這也沒辦法」，所以並不是太在意。然而，最終悲劇還是發生了，我不小心將飲料翻倒灑在電腦鍵盤上！

　　妹妹知道這件事之後，買了夾式設計的飲料架送我當作生日禮物。只要把它夾在桌面上，就可以輕鬆打造放置飲料的獨立空間，即使飲料打翻，也不用再擔心灑到重要文件或電腦上。

　　這項商品本身可耐重 170 公克，深度也很足夠，所以拿來放一般 500cc 的寶特瓶也不會搖晃，非常穩固。

夾子內側有一層橡膠，不僅防滑
也不會傷到辦公桌。

POINT

夾式設計的飲料
架，可以根據當天
的工作狀況，夾在
自己喜歡的地方。

🏃 100 │ 文件不要印出來

▶ **如果真心要做，就能一個月都不印資料**

　　我想，很多人都相當努力減少紙本文件和資料的用量，例如，將兩張資料合併成一張列印，或是每週整理一次不需要的文件。

　　不過，我真的將減低列印量和次數這件事，做到了淋漓盡致。現在，我會印出來的資料，只有申請差旅費的請款單而已。因為申請單必須印出來之後，再用印蓋章。但是，如果改變制度，將列印量降低到零，也是不無可能。

　　至今為止，我能做到不印資料的祕訣相當直接了當：電腦不連接印表機。工作時使用的電腦，甚至沒有安裝印表機的驅動程式。順帶一提，剛剛提到的差旅費請款單，我都是每個月一次，拜託周遭的同事幫忙列印。

POINT

打造沒有印表機
的環境。

平常我都是外接大型螢幕工作。使用雙螢幕，就能達到與閱覽紙本文件
相同的功能。

Money 06

KOKUYO的極簡工作術：做事變輕鬆，才叫做整理
仕事がサクサクはかどるコクヨのシンプル整理術

作者　KOKUYO 股份有限公司
譯者　金鐘範
企畫選書　張維君
責任編輯　梁育慈
特約編輯　李溫民
裝幀設計　萬勝安
內頁排版　江慧雯

總編輯　張維君
行銷主任　康耿銘

社長　郭重興
發行人暨出版總監　曾大福
出版　光現出版
網址　http://bookrep.com.tw
電子信箱　service@bookrep.com.tw

發行　遠足文化事業股份有限公司
地址　231 新北市新店區民權路 108-2 號 9 樓
電話　(02) 2218-1417
傳真　(02) 2218-8057
客服專線　0800-221-029
法律顧問　華洋國際專利商標事務所／蘇文生律師
印刷　中原造像股份有限公司

初版　2019 年 7 月 8 日
定價　300 元
ISBN　978-986-97427-5-7

版權所有　翻印必究
如有缺頁破損請寄回

Printed in Taiwan

SHIGOTO GA SAKUSAKU HAKADORU KOKUYO NO SIMPLE SEIRI JUTSU
©KOKUYO Co.,Ltd, 2017
First published in Japan in 2017 by KADOKAWA CORPORATION, Tokyo. Complex Chinese translation rights arranged with KADOKAWA CORPORATION, Tokyo through Keio Cultural Enterprise Co., Ltd.